『计算机实用技能丛书』

Excel

高效办公应用 与技巧大全

云飞◎编著

中国商业出版社

图书在版编目（CIP）数据

Excel高效办公应用与技巧大全 / 云飞编著. -- 北京：中国商业出版社，2021.3
　（计算机实用技能丛书）
　ISBN 978-7-5208-1517-8

　Ⅰ．①E… Ⅱ．①云… Ⅲ．①表处理软件 Ⅳ.
①TP391.13

中国版本图书馆CIP数据核字(2020)第252336号

责任编辑：管明林

中国商业出版社出版发行

010-63180647　www.c-cbook.com

（100053　北京广安门内报国寺1号）

新华书店经销

三河市冀华印务有限公司印刷

*

710毫米×1000毫米　16开　13印张　260千字

2021年3月第1版　2021年3月第1次印刷

定价：49.80元

* * * *

前 | 言

Microsoft Office 是由 Microsoft（微软）公司开发的一套基于 Windows 操作系统的办公软件套装。常用组件有 Word、Excel、PowerPoint 等。从 Office 97 到 Office 2019，我们的日常办公已经离不开 Office 的帮助。

Excel 2019 官方版是办公软件 Office 的组件之一，是 Office 办公套装软件的一个重要组成部分，它可以进行各种数据的处理、统计分析和辅助决策操作，广泛地应用于管理、统计、财经、金融等众多领域；主要用来进行有繁重计算任务的预算、财务、数据汇总等工作。

在工作方面的应用：进行数据分析和预测，完成复杂的数据运算，等等。

在生活方面的应用：个人收入、支出、生活预算记录，家庭日历，血压测量记录，等等。

Excel 2019 在拥有更加人性化功能的同时，保留了以前版本的经典功能，能更好地格式化、分析以及呈现出数据等！

本书将帮助读者快速掌握使用 Excel 进行高效办公的各种应用及操作技巧。

本书特色

1. 从零开始，循序渐进

本书由浅入深、循序渐进地以通俗易懂的讲解方式，帮助初学者快速掌握计算机的各种操作技能。

2. 内容全面

本书内容丰富，给出了使用 Excel 进行高效办公的各种应用及操作技巧。

3. 理论为辅，实操为主

本书注重基础知识与实例紧密结合，偏重实际操作能力的培养，以便帮助读者加深对基础知识的领悟，并快速获得 Excel 的各种应用技能和操作技巧。

4.通俗易懂，图文并茂

本书文字讲解与图片说明一一对应，以图析文，将所讲解的知识点清楚地反映在对应的插图上，一看就懂，一学就会。

本书旨在帮助读者快速成长为使用 Excel 高效办公的专家，提高工作效率，提升职场竞争力。

本书内容

本书科学合理地安排了各个章节的内容，结构如下：

第 1 章：揭秘 Excel 基础操作与设置技巧。

第 2 章：揭秘工作簿、工作表和单元格应用与技巧。

第 3 章：揭秘公式和函数应用与技巧。

第 4 章：揭秘图表和图形应用与技巧。

第 5 章：揭秘数据筛选、排序和安全管理应用与技巧。

第 6 章：以实际应用展示数据分析应用。

第 7 章：揭秘工作表的打印应用与技巧。

读者对象

急需提高工作效率的职场小白。

加班效率低、日常工作和 Excel 为伴的行政人事人员。

渴望升职加薪的职场老手。

各类文案策划人员。

靠 Excel 分析归纳与管理数据的销售人员和财务人员。

致谢

本书由北京九洲京典文化总策划，云飞等编著。在此向所有参与本书编创工作的人员表示由衷的感谢，更要感谢购买本书的读者，您的支持是我们最大的动力，我们将不断努力，为您奉献更多、更优秀的作品！

云飞

目　录

第 1 章
Excel 基础操作与设置技巧

本章导读

　　Excel 2019 是超强的办公软件，在拥有更加人性化功能的同时，保留了以前版本的经典功能，它同时能更好地格式化、分析以及呈现出数据等。本章将为读者揭秘关于 Excel 的各种基础操作与设置技巧，以帮助使用者更好地阅读以后各个章节的内容。

1.1 Excel 启动与关闭技巧

1.1.1 快速启动 Excel

可以通过如下方法来启动 Excel。

方法 1：用鼠标左键单击 Windows 10 的开始按钮▦，单击字母 E 列表下的【Excel】，就可以启动 Excel 了，如图 1-1 所示。

方法 2：通过创建桌面快捷方式来启动。操作方法：

（1）用鼠标左键单击 Windows 10 的开始按钮▦，右键单击字母 E 列表下的【Excel】，在弹出菜单中选择【更多】|【打开文件位置】命令，如图 1-2 所示。

图 1-1

图 1-2

此时打开了 Office 安装文件夹，Excel 可执行文件就在这里，如图 1-3 所示。

（2）使用鼠标右键单击 Excel，在弹出菜单中选择【发送到】|【桌面快捷方式】命令，如图 1-4 所示。

以后直接双击桌面上的 Excel 快捷方式图标，就可以启动 Excel 了，如图 1-5 所示。

图 1-3

图 1-4

图 1-5

1.1.2 快速打开 Excel 工作簿

当要对以前的 Excel 工作簿进行编排或修改时，可以打开此文档，打开文档的方法有如下几种。

方法 1：在我的电脑中，打开文档所在的文件夹，然后双击文档名称即可打开它。

方法 2：当处于 Excel 工作界面时，也可以使用以下方法来打开它。

执行【文件】|【打开】命令，或按 Ctrl+O 组合键，或单击常用工具栏上的【打开】图标按钮，打开如图 1-6 所示界面。

（1）可以单击选择打开【最近】列表中的工作簿。

（2）打开本地电脑上的文档。

单击【浏览】按钮，打开【打开】对话框，如图 1-7 所示。

图 1-6　　　　　　　　　　　　　图 1-7

选择对应的文件夹和文件后，单击【打开】按钮就可以将所选工作簿打开了。

1.1.3　快速保存 Excel 工作簿

新建 Excel 并输入内容后，或打开文档经过编辑后，就需要将结果保存下来。下面介绍保存工作簿的几种情况。

1. 首次保存工作簿

当用户在新工作簿中完成输入、编辑等操作后，需要第一次对新工作簿进行保存。

（1）可以使用下面的任意一种操作方法：

·单击工作窗口左上角的快速访问工具栏中的【保存】按钮。

·执行【文件】|【保存】命令或者【另存为】命令。

·按下键盘上的快捷键 Ctrl+S、F12 键或者快捷键 Shift+F12。

提示：保存工作簿一般是指保存当前处理的活动工作簿，所谓活动工作簿，也就是正在编辑的工作簿。如果同时打开了多个工作簿时，想同时保存多个工作簿或关闭所有工作簿，可以在按住 Shift 键同时，选择【文件】|【保存】或【关闭】（此时变成【全部保存】和【全部关闭】）命令，只需选择其中需要的命令即可。

执行上述操作之一，打开如图 1-8 所示对话框。

（2）单击【浏览】按钮，打开【另存为】对话框，如图 1-9 所示。

图 1-8

图 1-9

·选择所需保存文件的驱动器或文件夹。

·在【文件名】文本框中输入要保存的文档名称。

·在【保存类型】中选择保存类型，默认为【Excel 工作簿】。

（3）单击【保存】按钮即可。

第一次保存了工作簿之后，此后每次对工作簿进行修改后，只需按 Ctrl+S 键即可保存更改。

2. 重新命名并保存工作簿

重新命名并保存工作簿实际上就是把工作簿另存为。

操作方法：

（1）单击【文件】|【另存为】命令或者按 F12 键，然后单击【浏览】按钮，打开【另存为】对话框，如图 1-10 所示。

图 1-10

（2）在保存位置选择并指定保存路径的文件夹。

（3）在【文件名】文本框中输入文件的新名称。

（4）单击【保存】按钮，保存文档。

1.1.4 快速关闭或退出 Excel 工作簿

在 Excel 应用程序中，关闭当前工作簿有以下几种方法：

·执行【文件】|【关闭】命令。

·单击窗口右上角的【关闭】按钮✕。

·按键盘上的快捷组合键 Alt+F4。

退出 Excel 工作簿时，在关闭的过程中，如果工作簿没有保存，系统会给出保存工作簿的提示，让用户确定是否保存该工作簿。

1.2 工作簿和工作表初级应用与技巧

一个工作簿从新建到保存共分为以下几个阶段：

（1）新建：这个步骤是准备一个空白的工作簿，可以将这个工作簿看成一个空白的活页夹，是预备放活页纸的地方。

（2）插入工作表：空白的工作簿是没法输入数据的，必须插入工作表才行，这就像是在活页夹中插入活页纸一样。

（3）输入数据：这个步骤涵盖范围最广，除了将数据输入到工作表之外，还包括运用 Excel 进行各项分析，再创造出各种信息。

（4）保存：最后记得将工作成果保存起来。

在 Excel 2019 中，可以选择新建空白工作簿和根据模板新建工作簿。

1.2.1 根据模板新建 Excel 工作簿

可以根据现有的模板来创建 Excel 工作簿。这样操作的好处是，可以使用模板中现有的格式，以节约大量的工作时间。

操作方法：

（1）启动 Excel 2019，在开始屏幕单击【更多模板】链接按钮，如图 1-11 所示。

此时切换到了【新建】选项卡中，如图 1-12 所示，其中列出了大量 Office 内置的模板。

图 1-11

图 1-12

（2）如果没有找到自己想要的模板，可以在顶部的【搜索联机模板】搜索框中输入【清单】，然后单击搜索【开始搜索】按钮进行搜索。如图 1-13 所示。

Office 就会列出所有的联机模板了，这些模板都是免费使用的。如图 1-14 所示。

图 1-13

图 1-14

（3）用鼠标右键单击要选择的模板，在这里以选择"周考勤表"模板为例，在弹出菜单中选择【创建】命令，如图 1-15 所示。

Office 将自动联机下载模板，然后创建一个名为"周考勤表 1"的工作簿，如图 1-16 所示。

图 1-15

图 1-16

> **提示：** 如果是第一次使用该模板，那么必须保证电脑处于联机状态，才能使用该模板新建工作簿。

1.2.2 新建 Excel 空白工作簿

操作方法：

方法 1：启动 Excel，在开始屏幕中可以看到最近使用的 Excel 工作簿，单击右侧【新建】下的【空白工作簿】图标按钮，如图 1-17 所示。

方法 2：在已经进入 Excel 工作界面后，单击【自定义访问工具栏】按钮，在打开的下拉菜单中选择【新建】，如图 1-18 所示。然后在顶端右侧的【自定义访问工具栏】按钮的左侧，就会出现一个【新建】图标按钮，如图 1-19 所示。单击该按钮，就可以创建一个空白工作簿。

图 1-17

图 1-18

图 1-19

方法 3：在 Windows 桌面或文件夹空白处，使用鼠标右键单击，在弹出菜单中选择【新建】|【Microsoft 工作表】命令，如图 1-20 所示。

图 1-20

在未保存 Excel 工作簿前，会自动命名工作簿，其临时命名为【工作簿 1】，以后新建的工作簿临时命名依次为【工作簿 2】、【工作簿 3】……

1.2.3　快速插入工作表并命名

除了在新建工作簿时设置其默认的工作表个数外，也可以在工作簿中任意地插入新的工作表，并且可以为工作簿中的所有工作表重新命名。

例如，要在工作表 1（Sheet 1）后面插入新的工作表。

操作方法：

（1）用鼠标单击工作表 1 也就是 Sheet1。

（2）单击其右侧的【新工作表】按钮 ，就会自动插入一个新工作表，如图 1-21 所示。

图 1-21

（3）单击切换到要重命名的工作表，这里选择【Sheet1】，然后右击鼠标，在弹出的快捷菜单中，选择【重命名】命令，如图 1-22 所示。再把所选的工作表重新命名，比如【工作表 1】，如图 1-23 所示。

图 1-22　　　　　图 1-23

注意： 如果要在各个工作表间切换，在工作簿下边的工作表标签上，单击各个工作表名称或按钮即可互相切换。如果在 Windows 任务栏选择另一个工作簿的名称，则会切换到该工作簿中去。

1.2.4　快速删除工作表

Excel 工作簿可以将一些琐碎但又彼此相关的表格存放在一起，但对于偶尔使用或相互无关的工作表，则不必同存于一个工作簿中。因此添加或删除工作表是常有的事。

操作方法：

（1）选定要删除的工作表作为当前的工作表。

（2）在【开始】菜单选项卡中，单击【单元格】段落中的【删除】命令，在弹出菜单中选择【删除工作表】命令，如图 1-24 所示。

（3）在弹出对话框中单击【删除】按钮，如图 1-25 所示，即可将选定的工作表从当前工作表中删除。

另外，可以通过用鼠标右击将删除的工作表标签，在弹出的如图 1-26 所示的快捷菜单中选择【删除】命令，然后在弹出的如图 1-26 所示的对话框中单击【删除】按钮，也可以删除工作表。

图 1-24   图 1-25   图 1-26

1.2.5 快速修改工作表标签的名称

工作表的标签如果不加以更改的话，它们的名称通常依序为 Sheet1、Sheet2、Sheet3……为了方便知道工作表的内容，可以将工作表的标签名称以其他的文字来代替。

操作方法：

（1）移动鼠标选择想要修改名称的工作表标签，然后在标签上快击两下鼠标左键，此时工作表标签名称单元格呈灰白显示，如图 1-27 所示。

（2）切换输入法，输入新的工作表标签名称后，在这里输入"年度销售情况"，按下键盘上的 Enter 键，工作表名称就被修改了，如图 1-28 所示。

图 1-27   图 1-28

> **注意：** Excel 规定工作表的名称最多可以使用 31 个字符（15 个中文字）。

1.2.6　快速设定标签颜色

工作表标签颜色预设为白色，可以将标签名称依工作表的内容设定底色，以便快速地依颜色来判断工作表的内容。

操作方法：

（1）右击想要设定颜色的工作表标签，在弹出菜单中选择【工作表标签颜色】，如图 1-29 所示。

图 1-29

（2）在颜色面板中选择一种颜色，比如选择【标准色】下的【红色】，如图 1-30 所示。

（3）也可以单击【其他颜色】，在【颜色】对话框中选择更为复杂的显示颜色，如图 1-31 所示。

图 1-30　　　　图 1-31

完成后，工作表标签就会填上所指定的颜色，画面显示如图 1-32 所示。

图 1-32

> **注意：** 如果不想让工作表标签显示颜色，只要选中【设置工作表标签颜色】对话框中的【无颜色】文本框即可。

1.3　将常用的命令添加到快速访问工具栏中

我们可以将常用的命令添加到快速访问工具栏中。

操作方法：

（1）执行【文件】|【更多】|【选项】命令。

（2）在弹出的【Excel 选项】对话框左侧的列表中选择【快速访问工具栏】选项。

（3）在该对话框中的【从下列位置选择命令】下拉列表中选择需要的命令类别，如

图 1-33 所示。

（4）单击其下列表框中要添加的命令，再单击列表框右侧的【添加】按钮，最后单击【确定】按钮关闭打开的【Excel 选项】对话框，即可将常用的命令添加到快速访问工具栏中，如图 1-34 所示。

图 1-33

图 1-34

第 2 章
工作簿、工作表和单元格应用与技巧

本章为读者揭秘大量关于工作簿、工作表和单元格的应用与技巧，帮助读者全面提升 Excel 数据处理的能力。

本章导读

2.1 工作簿高级应用与技巧

2.1.1 同时打开多个工作簿

操作方法：

（1）单击【文件】|【打开】菜单命令，出现【打开】对话框。

（2）按住 Shift 键或 Ctrl 键并配以鼠标操作，在【打开】对话框文件列表中选择彼此相邻或彼此不相邻的多个工作簿。

（3）单击【打开】按钮，就可以一次打开多个工作簿。

2.1.2 同时显示多个工作簿

在编辑工作表时，用户经常要在多个工作簿之间通过切换来查看数据或者复制数据。可以利用 Excel 的功能来达到同时显示多个工作簿。

操作方法：

（1）单击菜单命令【视图】|【窗口】|【新建窗口】，将建立一个跟当前一样的工作簿窗口。

（2）在新建的工作簿窗口中选择一个不同的工作表。

（3）单击菜单命令【视图】|【窗口】|【全部重排】，在弹出的【重排窗口】对话框的【排列方式】栏中选择一项。

（4）单击【确定】按钮，结束操作。

如果要退出该显示效果，只要单击某一个工作簿窗口中的【最大化】按钮即可。

2.1.3 隐藏工作簿窗口

打开多个工作簿以后，会造成屏幕上占满了工作簿，而且有时会因为疏忽而造成不必要的损失。那么如何暂时地隐藏其中几个呢？

操作方法：

（1）将需要隐藏的工作簿激活，使之成为当前工作簿。

（2）单击【视图】|【窗口】|【隐藏】即可将该工作簿隐藏起来。

（3）如果要显示之前隐藏了的工作簿，可以按类似的操作进行：单击菜单命令【视图】|【窗口】|【取消隐藏】，在弹出的【取消隐藏】对话框中如果有多个工作簿被隐藏，就可以选择需要显示的工作簿，最后单击【确定】按钮即可。

2.1.4 自动保存工作簿

在编辑工作簿和工作表时，如果要不时地手工保存数据，是件麻烦的事情。幸运的是，Excel 同 Word 一样，有一个自动保存工作簿的功能。

操作方法：

（1）单击【文件】|【更多】|【选项】，弹出【Excel 选项】对话框。

（2）单击左侧列表中的【保存】选项，

找到【保存自动恢复信息时间间隔】设置所需的时间，单击【确定】按钮即可。

同 Word 一样，时间设置为 1 ～ 10 分钟最好。

2.1.5　改变工作簿中工作表的默认个数

在打开 Excel 程序后，系统默认会打开 1 个空白工作表，即【Sheet1】。有时候用户可能希望程序启动时能很快打开更多的工作表。

操作方法：

（1）单击【文件】|【更多】|【选项】，在弹出的【Excel 选项】对话框的左侧列表中选中【常规】选项卡。

（2）在【新建工作簿时 - 包含的工作表数】框中输入所需要的工作表的数量，比如 8，然后单击【确定】按钮，如图 2-1 所示。

（3）重新运行 Excel，此时新建的工作簿中就包含有 8 个空白工作表。

图 2-1

> **提示：** 步骤（2）中输入的数字最大为 255。

2.1.6　共享工作簿

可以通过共享工作簿来使多个人能编辑同一个 Excel 文件。

操作方法：

（1）打开一个 Excel 工作簿。

（2）执行【文件】|【更多】|【选项】命令。

（3）在弹出的【Excel 选项】对话框左侧的列表中选择【自定义功能区】选项卡。

（4）在右侧的【自定义功能区】下拉列表中选择【主选项卡】，然后单击选中其下列表框中的【审阅】，然后单击【新建组】按钮新建一个【新建组（自定义）】选项，如图 2-2 所示。

（5）在【从下列位置选择命令】下拉列表中选择【不在功能区中的命令】，然后在其下的列表框中单击选择【共享工作簿（旧版）】命令，再单击【添加】按

图 2-2

钮，将其添加到刚创建的【新建组（自定义）】选项下面，如图 2-3 所示。

（6）单击【审阅】|【共享工作簿（旧版）】命令，弹出【共享工作簿】对话框。

（7）单击【编辑】选项卡，然后选中【使用旧的共享工作簿功能，而不是新的共同创作体验】复选框，如图 2-4 所示。

（8）单击【确定】按钮，随后弹出一个提示框，告诉用户此操作将导致保存文档，如图 2-5 所示，然后单击【确定】。这样文件就共享于局域网中了。此时，窗口顶端的工作簿名称后会显示【共享】两个字。

图 2-3

图 2-4

图 2-5

2.1.7 在多个工作簿或工作表间进行快速切换

用户在编辑或输入数据时，需要在多个工作簿间切换。这种操作会很频繁，所以要求这种操作快速高效。显然，最好的方法是使用键盘操作。

操作方法：

（1）按键盘上的 Ctrl+Tab 组合键，可在打开的工作簿之间进行切换。

（2）按键盘上的 Ctrl+PageUp 组合键，可切换到工作簿的上一个工作表。

（3）按键盘上的 Ctrl+PageDown 组合键，可切换到工作簿的下一个工作表。

2.1.8 使用移动法来复制工作表

有时，用户希望将一个工作簿中的某些工作表复制到另一个工作簿中。此时，可以使用【移动法】来快速复制工作表。

操作方法：

（1）打开两个将要进行操作的工作簿，比如"源 .xlsx"和"目标 .xlsx"。

（2）切换到工作表"源.xlsx"中，右击需要进行复制的工作表，在弹出的菜单中选择【移动或复制】命令，如图2-6所示。

（3）在弹出的【移动或复制工作表】对话框的【工作簿】下拉列表中选择目标工作簿"目标.xlsx"，在【下列选定工作表之前】栏中选择插入点，并同时选中【建立副本】，如图2-7所示。

图 2-6

图 2-7

（4）单击【确定】按钮。

这时工作簿"源.xlsx"中的工作表则移动到工作簿"目标.xlsx"中了。

2.1.9　使用【视图管理器】

有时，用户需要改变工作簿的显示方式或打印设置。此时，可以利用系统提供的功能将这些保存为视图。以后只要装载该视图就可以以不同方式显示或打印工作簿了。

操作方法：

（1）对打印设置进行更改，以满足自己的需求；还可以显示或隐藏工作表的行或列，并对筛选条件进行设置。

（2）完成后，单击【视图】|【工作簿视图】|【自定义视图】菜单命令，在弹出的【视图管理器】对话框中单击【添加】按钮。

（3）在弹出的如图2-8所示的【添加视图】对话框的【名称】栏中输入要保存的视图的名称。在【视图包括】栏中有两个选项：如果选中【打印设置】则在所创建的工作表视图中包含当前工作表中选

择的打印设置；如果选中【隐藏行、列及筛选设置】复选框，则所创建的工作表视图中包含相应的选项设置。

图 2-8

（4）单击【确定】按钮关闭打开的对话框，这样就保存了当前视图。

若要显示某个视图，按如下方法操作即可：

（1）在工作簿中单击【视图】|【工作簿视图】|【自定义视图】菜单命令，打开【视图管理器】对话框。

（2）在对话框中选择需要装载的视图的名称，并单击【显示】按钮即可。

此时，创建该视图时的活动工作表便会原封不动地显示出来。

2.2　工作表高级应用与技巧

2.2.1　隐藏暂不需要的工作表

上面讲到隐藏工作簿。其实也可以隐藏工作表，使它的内容隐藏起来。

操作方法：

（1）选择需要隐藏的工作表。

（2）右击工作表名，在菜单中单击【隐藏】命令，如图2-9所示。

此时该工作表即从屏幕上消失。

如果要显示被隐藏的工作表，方法为：

（1）右击工作簿中任意表名，在菜单中单击【取消隐藏】命令。

（2）在弹出的【取消隐藏】对话框中选择需要显示的工作表。

（3）单击【确定】按钮即可显示该工作表。

图 2-9

2.2.2　拆分工作表

编辑工作表时，有时由于表格内容过长，不能同时浏览同一表格的不同部分。尽管可以使用滚动条，但操作烦琐。这时，就可以使用 Excel 的【拆分】功能。

操作方法：

（1）选择要进行拆分的工作表。

（2）单击【视图】|【窗口】|【拆分】。此时，系统自动将工作表拆分为4个独立的窗口。

> **提示：** ①如果对系统自动拆分不满意，可以用鼠标来分别调整4个窗口的大小。
>
> ②如果要关闭拆分效果，可以通过【视图】|【窗口】|【取消拆分】来将其撤销。
>
> ③当用户成功定位到工作表的不同部分时，就可以对其进行操作。一般需要冻结操作的两个窗口，免得误操作。操作方法为单击菜单命令【视图】|【窗口】|【冻结窗格】。

2.2.3　快速选中工作表

在一般情况下，当一个工作簿中的工作表个数不多的时候，比如3个，直接用鼠标单击工作表标签即可选中工作表。而当工作表个数比较多时，屏幕上是不能全部显示所有工作表标签的。这就需要用户使用左下角的 4 个工作表滚动按钮 定位到相应的工作表，再用鼠标单击来选定。这个操作在工作表数目很多时，效率是不高的。可以采取如下方法快速选中工作表。

操作方法：

在任意一个工作表中，将光标移动到工作表左下角的工作表滚动按钮上，然后单击鼠标右键，在弹出的快捷键菜单中选择自己所需的工作表，然后单击【确定】按钮即可，如图 2-10 所示。

图 2-10

2.2.4 忘记了工作簿或工作表的密码怎么办

有时候，用户不小心将保护工作簿的密码给忘了，而其中的数据需要进一步修改和编辑。那有没有方法来打开原有的工作簿呢？

操作方法：

（1）选中被设置保护的工作表。

（2）单击【开始】|【剪贴板】|【复制】。

（3）打开一个新的工作簿，然后按键盘上的 Ctrl+V 组合键，将被设置保护的工作表拷贝到新工作簿中即可。

这样，就可以在新工作簿中对数据进行操作了。

> **提示：** 目标工作簿一定要是新工作簿，否则上述操作无效。

2.2.5 将小表格打印在纸张中间

有时候，工作表中的数据不多，比如只有 10~20 行数据，如果按默认设置进行打印的话，数据将占据在纸张的上面。可以将数据分布在纸张的中央。

操作方法：

（1）打开要打印的工作表，并选中它。

（2）选择【页面布局】菜单选项卡，然后单击【页面设置】右下角的功能扩展按钮，在弹出的【页面设置】对话框中选中【页边距】选项卡，手工调节页面的上下边距和左右边距，使之分别相等；选中【居中方式】栏下的【水平】和【垂直】复选框。如图 2-11 所示。

（3）单击【确定】按钮，结束操作。

图 2-11

2.2.6 快速格式化工作表

在 Excel 中制作一些报表时，为了美观，需要对表格进行格式化，但又碍于时间的限制，不希望手动格式化工作表。那么该如何快速格式化报表？可以利用【自动套用格式】功能来完成。

操作方法：

（1）选中所要制作表格的区域，然后单击【开始】|【样式】|【套用表格样式】。

（2）在打开的列表中，可以选择满意的表格样式。

（3）还可以单击【新建表格样式】命令设置需要应用格式的那些部分。最后单击【确定】按钮，结束操作。

此时在工作表中被选中区域将被所选中的格式套用。

2.2.7 复制 Word 的表格数据

在 Word 中制作好的表格数据，可以把它复制到 Excel 中。

复制 Word 表格数据的操作方法如下：

（1）在 Word 窗口中打开含有表格数据的文件，然后选择表格数据，再移动鼠标选择工具栏的 复制按钮，如图 2-12 所示。

（2）打开 Excel 窗口，然后选择想要粘贴数据的目的单元格，如图 2-13 所示。

（3）执行【开始】|【粘贴】|【粘贴】命令，或直接使用 Ctrl+V 快捷组合键，完成后，就会在 Excel 工作表中粘贴在 Word 中复制的表格数据，如图 2-14 所示。

图 2-12

图 2-13

图 2-14

粘贴表格数据后，只要再调整栏宽、列高，就会很美观了。

2.2.8　复制不同工作表的数据

在 Excel 电子表格中，一个文件称为一个工作簿，而在工作簿中含有多张工作表，在各工作表中可分别放入不同性质的数据，当工作表中的内容相同时，可以利用复制的功能来产生数据。

复制不同工作表数据的操作方法：

（1）选择想要复制数据的工作表标签，然后从该工作表中选择想要复制的单元格，如图 2-15 所示。

（2）执行【开始】|【复制】命令，或者直接使用 Ctrl+C 快捷键。

图 2-15

（3）移动鼠标选择想要粘贴数据的工作表标签，然后在该工作表中选择想要粘贴数据的单元格，如图 2-16 所示。

（4）执行【开始】|【粘贴】|【粘贴】命令，或直接使用 Ctrl+V 快捷键，完成后，就会在该工作表中粘贴在前一个工作表中复制的表格数据，如图 2-17 所示。

图 2-16

图 2-17

利用相同的技巧，不同工作簿的单元格数据也可以相互复制，只要在窗口菜单中切换不同的工作簿窗口，就可选择想要复制及粘贴的工作簿。

2.2.9　善用 Office 剪贴板

Office 2019 有一个【剪贴板】的功能，如图 2-18 所示。可以一次复制多个对象（最多 24 个）后，再逐一粘贴或全部粘贴。该剪贴板收集的项目是包括 Word、Excel、PowerPoint 等 Office 功能组件在内的所有复制对象。

剪贴板中可以同时存放 24 个对象，这种多重剪贴板的功能，可以在其他应用软件中复制多个对象后，再贴到打开剪贴板的文件中，以省去窗口切换的麻烦。

1. 打开剪贴板任务窗格

下面来学习如何打开剪贴板任务窗格。

在 Office 2019 中使用剪贴板的功能，要先打开剪贴板任务窗格，才能将复制的项目保存在剪贴板中。

打开剪贴板任务窗格的操作方法如下：

单击【开始】菜单选项卡中的【剪贴板】右下角的【功能扩展按钮】，就会在表格编辑区左侧出现剪贴板任务窗格，如图 2-19 所示。

图 2-18

每一次进行复制、粘贴或剪切操作后，相应的内容就会被自动收集到剪贴板中。

完成后，回到 Office 窗口，会发现剪贴板任务窗格中已经存放所复制或剪切的项目，并且会以小图或文字的前几个字来代表项目的内容，以方便选择使用。

当收集的项目超过 24 个，则会将第 1 个删除以放置新的项目。

2. 将剪贴板中的项目贴到文件中

一旦剪贴板中收集了项目，就可以将其贴到 Office 2019 的任一组件所对应的文件中。

将剪贴板中的项目贴到文件的操作方法如下：

（1）打开想要粘贴数据的 Office 文件，然后选择想要粘贴复制项目的位置，再单击一下剪贴板任务窗格中想要粘贴的对象项目，如图 2-20 所示。

图 2-19

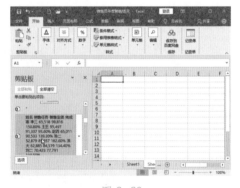

图 2-20

（2）选择想要粘贴复制对象项目的位置，再单击一下剪贴板任务窗格中想粘贴的对象项目。

完成后，就会在文件中粘贴剪贴板任务窗格内所收集的项目，如图 2-21 所示。

3. 清空剪贴板中的项目

如果剪贴板中的项目不需要了，可以单击选择【全部清空】按钮，将剪贴板中的项目全部清除，如图 2-22 所示。

图 2-21　　　　　　　　　　　　　　　　图 2-22

2.2.10　移动和复制工作表

首先打开"宠物羊奶粉市场销量分析 .xlsx"工作簿。

1. 移动工作表

如果要移动工作表,操作方法:

(1)单击要移动的工作表的标签,这里选择"卫仕"工作表的标签,如图 2-23 所示,使之成为活动工作表。

(2)使用鼠标左键按住该表格标签,光标变成形状,并且该表格标签左上角出现一个向下的黑箭头,如图 2-24 所示。

图 2-23　　　　　　　　　　　　　　　　图 2-24

(3)按住鼠标左键不放拖动到要移动到的所在表格标签的后面,在这里拖至"BOTH"工作表标签的后面,如图 2-25 所示。

(4)松开鼠标左键,"卫仕"工作表的标签就被放置到了"BOTH"工作表标签的后面,如图 2-26 所示。

图 2-25

图 2-26

2. 复制工作表

如果要复制整张工作表，可执行以下步骤：

（1）单击要复制的工作表的标签，这里选择"卫仕"，使之成为当前的活动工作表。

（2）使用鼠标右键单击"卫仕"工作表的标签，在弹出菜单中选择【移动或复制】命令，如图 2-27 所示。

（3）在打开的【移动或复制工作表】对话框中的【下列选定工作表之前】单击选择"麦德氏 IN"，并选中【建立副本】选项，如图 2-28 所示，然后单击【确定】按钮。

图 2-27

图 2-28

结果如图 2-29 所示。

| 销量1万+ | BOTH | 卫仕 | 新宠之康 | 英国MAG | 卫仕 (2) | 麦德氏N | 谷登GOLDEN | ⊕ |

图 2-29

2.2.11 快速进行多个工作表的输入

（1）如果想在多张工作表中输入相同内容，省略以后的复制、粘贴等操作，方法为：选中需要填充相同数据的工作表，在已选中的任意一张工作表内输入数据，则所有选中工作表的相应单元格会自动填充同一数据。

（2）如果选中工作表后想取消上述功能，可用鼠标右键单击任意一张工作表的选项卡，选择弹出菜单中的【取消组合工作表】命令，如图2-30所示。

（3）如果需要将某张工作表已有的数据快速填充到其他工作表中，方法为：

①按住Ctrl键不放，选中含有数据的工作表和待填充数据的工作表，再选中含有数据的单元格区域。

②单击【开始】|【编辑】|【填充】|【填充成组工作表】命令，在出现的对话框中选择填充的内容:【全部】【内容】或【格式】，如图2-31所示。

③单击【确定】按钮，结束操作。

图2-30　　　图2-31

2.2.12　快速添加与删除背景

觉得空白的工作表背景单调吗？来点颜色、图案吧！这样可以使工作表与众不同喔！

设定工作表背景图案的操作方法：

（1）选择想要设定背景图案的工作表标签，然后单击【页面布局】菜单选项卡，单击【页面设置】段落中的【背景】命令图标按钮，如图2-32所示。

图2-33

图2-32

此时打开了如图2-33所示的【插入图片】对话框。

（2）可以选择【从文件】插入本地电脑上的图片文件。在这里单击【必应图像搜索】所在行，打开如图2-34所示的【联机图片】页面。

图2-34

（3）在这里单击【背景】分类缩略图标按钮，打开【背景】分类下的所有图片页面，如图2-35所示。

图2-35

（4）单击选择要作为工作表背景的图片，然后单击【插入】按钮，如图 2-36 所示。

图 2-36

图 2-37

（5）完成后，工作表的背景就会显示所选择的图案，如图 2-37 所示。

为工作表设置了背景图案后，只要单击【页面布局】菜单选项卡中【页面设置】段落中的【删除背景】命令图标按钮，如图 2-38 所示，就可以将背景图案删除。

图 2-38

2.2.13　在当前表格复制整个表格

如果要在当前表格中复制整张工作表中的所有行和列的内容，可执行以下步骤：

（1）打开"员工工资表 .xlsx"工作簿，选中工作表所有行和列，使之成为当前的活动工作表，如图 2-39 所示。

（2）按 Ctrl+C 组合键将其复制，将光标置于被复制内容要插入的起点位置。

（3）选择【开始】菜单选项卡，单击【剪贴板】段落中的【粘贴】按钮，在打开的下拉菜单中选择【保留源格式】选项图标，如图 2-40 所示。

图 2-39

图 2-40

完成上述操作，原表格就被整体复制到了当前表格的空行位置处，如图 2-41 所示。

图 2-41

2.3 数据输入和编辑应用与技巧

2.3.1　输入数据的一般方法

下面介绍单元格数据输入的一般方法与技巧。

·在 Excel 的整张表格中，列单元格用数字 1、2、3 递增，行单元格用英文字母 A、B、C 递增，所以，当选中第 1 列第 1 行的单元格时，该单元格就以 A1 来表示，因而 A1 就表示要输入数据的单元格。选取单元格后，其中显示名称 A1 的地方，就称为【名称框】，在名称栏显示当前选中的单元格的引用名称。

·在名称框的右边，也有一个很长的框，在该框中可以输入数据，输入数据后，也可以在此进行编辑，该框称为【编辑栏】。选中一个单元格后，既可以直接输入数据，也可以在编辑栏中输入数据，在【编辑栏】中输入数据时，该选中的单元格中会出现相应的数值或文字，同样，当在单元格中输入数据后，编辑栏中也显示相应的值或文字，如图 2-42 所示。

图 2-42

· 用鼠标双击要输入数据的单元格，此时光标定位在该单元格中，就可以在该单元格中输入数据了。在输入数据的过程中，状态栏显示目前处于【编辑】状态，同时在编辑栏也显示目前选中的单元格中的数据。

· 输入过程中如果发现输入错误，可以按 BackSpace 键删除插入点的前一个字符，或按 Delete 键删除插入点的后一个字符，也可以按方向键移动插入点。

· 输入没有结束时，不要按键盘上的 Tab 键移动，如果按 Tab 键，状态栏中就会回到就绪状态，Excel 会认为该单元格的数据输入完毕，从而转到下一个单元格准备输入的状态。

此外，输入数据后有以下几种方法确认输入：

· 按 Enter 键：数据输入，回到就绪状态，并且仍然选中刚刚输入数据的单元格。

· 按 Tab 键：数据输入，回到就绪状态，并且选中输入数据的单元格右侧相邻的单元格，例如，刚刚输入数据的单元格为 B5，按 Tab 键后，会选中 C4 单元格。

· 【输入】按钮✔：单击编辑栏上的【输入】按钮✔，完成数据输入，回到就绪状态，并且仍然选中刚刚输入数据的单元格。

· 【取消】按钮✖：单击编辑栏上的取消按钮✖，取消数据的输入。

· 用鼠标单击该单元格以外的其他单元格，就会选中鼠标所单击的单元格。

2.3.2 自动完成数据输入

输入数据时，Excel 还提供了很多可以快速输入数据的方法，如序列填充、公式计算等，如果在输入数据时，熟练使用各种技巧，会达到事半功倍的效果。

当一列单元格中只有几种特定的数据，或者一行中连续几个单元格都是相同的数据，这种情况下，Excel 会自动完成一部分的输入。例如，如果表格中几个单元格的数据相同，也可以实现自动输入，现在选中下一单元格，要在其中输入数据，如图 2-43 所示。

当在其中输入"有机大米"字后，就会自动出现（科尔沁沙地）文本，并且处于选中状态，这是因为 Excel 在该列中自动检测到想输入的数据，并猜测要输入的可能与上一单元格的数据相同，如图 2-44 所示。

图 2-43

图 2-44

这时按下 Enter 键，就可以完成输入。如果 Excel 猜测的不对，那么，继续输入后面的数据即可。

> **提示：** 同样，在一列单元格中，如果已输入A等、B等、C等，或者是甲等、乙等、丙等时，或一年、二年等时，也会自动识别到后面一个文字。不过自动完成输入只适用于文本数据，而相对数字数据就无能为力了。

2.3.3 自动填充数据

如果连续一片单元格需要输入相同的数据，也可以使用自动填充的方法。

如在一个工作表中，如果在一列或者一行单元格中均要输入"西安"，那么首先在其中一个单元格输入"西安"，然后选中该单元格，将光标移到该单元格的右下角的填充控制点上，光标变成十字形状，按住鼠标往下拖动，拖动到要结束这列相同数据输入时停止，就得到了相同的一列数据，如图2-45所示。

图 2-45

> **提示：** 不仅向下拖动可以得到相同的一列数据，向右拖动填充也可以得到相同的一行数据，如果选择的是多行列后，同时向右或者向下拖动，则会同时得到多行多列的相同数据。

2.3.4 按序列输入数据

在 Excel 中，可以建立的序列有：

· 等差序列：例如，1、3、5、7、9、…
· 等比序列：例如，2、4、8、16、…
· 日期：例如，2020/3/8、2020/3/9、2020/3/10、2020/3/11、2020/3/12、…
· 自动填充：属于不可计算的文本数据，例如，一月、二月、三月……，星期一、星期二、星期三等，Excel 将这些类型文本建立数据库，可以让其自动填充式输入。

1. 等差序列填充式输入

工作表中的某列数据属于等差序列，因此就可以省去很多工作量了。

（1）例如，在 A1、A2 单元格分别输入 1001 号、1002 号。

（2）同时选中 A1、A2，并将鼠标移动到填充控制点处，此时光标变成✚状。

（3）按下鼠标左键并拖动到相应的单元格，在拖动的过程中，光标的右下角会显示此时光标所指单元格要填入的数据。

（4）释放鼠标，就会得到等差序列的填充结果，其过程如图 2-46 所示。

> **提示：** 等差序列的公差可以不是 1，Excel 会根据选中的前两个单元格之间的差值来建立等差序列，如前两个单元格之间的差值为 2，则按同样的方法得到的填充结果，其前后两个单元格之间的差值也为 2。

图 2-46

2. 等比序列输入

等比序列输入数据的方法与等差序列填充式输入类似。

操作方法：

（1）先在 A1 单元格输入数值，如输入 1，然后选中要进行填充的单元格，在这里选择 A1：A14，如图 2-47 所示。

（2）选择【开始】菜单选项卡，单击【编辑】段落中的【填充】按钮，在弹出下拉菜单中选择【序列】命令，如图 2-48 所示。

（3）此时打开了【序列】对话框，如图 2-49 所示。

图 2-47

· 在【序列产生在】选项组中，选择【列】单选按钮（也可以选择【行】）。

· 在【类型】选项组中选择【等比序列】单选框。

图 2-48　　　　　　　　　　　　　　图 2-49

· 在【步长值】文本框中输入 2。

（3）单击【确定】按钮，关闭对话框，即可得到一组以 2 为基础，步长为 2 的等比序列数值，如图 2-50 所示。

3. 使用自动填充序列输入日期

使用自动填充序列输入日期很简单。

操作方法：

（1）例如在一行单元格中输入"8 月 5 日"，然后选中该单元格，拖动填充控制点到相应的单元格，在拖动过程中，会显示当前所在单元格将填入的数值，如图 2-51 所示。

图 2-50

（2）释放鼠标即可得到一组自动填充的序列数据。

（3）使用同样的方法，也可以建立不同的序列数据，如图 2-52 所示。

图 2-51

图 2-52

2.3.5　快速选定编辑范围

在针对单元格、行、列以及整个工作表进行编辑之前，首先应该选定要编辑的内容。

下面是一些常用的选择方法。

·若需要编辑的内容是单元格，可以单击该单元格，使它成为活动单元格。

·若要编辑的内容是一行或一列，可以单击行号或列号来选定一行或一列。

·若要选定整张工作表，单击第 A 列左侧的空框，就可以选定整张工作表。

·若要选定指定的连续的单元格，可以将光标置于要选择范围的第一个单元格上。按住鼠标左键不放，拖动鼠标来选择需要的单元格，然后松开鼠标。

·若要选择不连续的单元格，可以按住 Ctrl 键不放，再按上述步骤选择相应的单元格范围即可选定不连续的单元格。

·若要选取整列，只要将光标移到该列的列标处，当光标变成向下的箭头形状时单击鼠标，就可以选取该列，如图 2-53 所示。同样要选取整行，只要将光标移到该行的行号处，当光标变成向右的箭头形状时单击鼠标，就可以选取该行。

图 2-53

·若要选取整个工作表，只需单击表格行与列的交界处即可，如图 2-54 所示。

图 2-54

2.3.6 修改数据

1. 直接替换数据

单击选中要修改的单元格，输入新内容，就会替换原单元格中的内容。

2. 修改单元格中的部分内容

操作方法：

（1）打开"员工薪酬管理系统 .xlsx"。

（2）双击单元格，单元格变为录入状态，光标成"Ｉ"形，表示文字插入的位置，如图 2-55 所示。

（3）在要修改的文字上拖动鼠标选中要修改的文字，然后输入新的内容。

2.3.7　移动单元格

如需要使用鼠标移动单元格，可以在选定需要复制的单元格后，用鼠标指向该单元格，当光标变成斜向箭头时，按住 Shift 键不放，然后按住鼠标左键，并将选定区域拖动到目标位置，松开鼠标和 Shift 键即可。

此外，也可以使用剪切功能移动单元

图 2-55

格。其实剪切也是复制的一种特殊形式，剪贴后粘贴就是移动。

操作方法：

（1）选择要移动的单元格。

（2）按快捷键 Ctrl+X。

（3）按快捷键 Ctrl+V 即可。

2.3.8　复制并粘贴单元格

当需要将工作表中的单元格复制到其他工作簿中时，可以使用【开始】菜单选项卡中的【剪贴板】段落来完成复制工作。

操作方法：

（1）打开"寰宇养生堂订单 150807.xlsx"工作簿，单击切换到【Sheet 1】表格中，单击选中 A7 行，如图 2-56 所示。

（2）单击【剪贴板】段落中的【复制】按钮 （或按 Ctrl+C）。

（3）选中粘贴区域左上角的单元格，在这里选择 A8 单元格。

（4）单击【剪贴板】段落中的【粘贴】按钮 （或按 Ctrl+V）即可，此时表格如图 2-57 所示。

图 2-56

图 2-57

同样，也可以选定需要被复制的单元格。方法是用鼠标单击该单元格，并向右下角移动光标，当光标变成形状后，按住 Ctrl 键不放，将选定区域拖动到目标位置，松开鼠标和 Ctrl 键，即可进行复制，如图 2-58 所示。

图 2-58

2.3.9 复制并粘贴指定格式

操作方法：

（1）选定需要复制的单元格区域，如图 2-59 所示。

（2）按 Ctrl+C 快捷键进行复制。

（3）选定粘贴区域的左上角单元格。

（4）选择【开始】菜单选项卡，单击【剪贴板】段落中的【粘贴】按钮，在下拉菜单中选择【选择性粘贴】命令，如图 2-60 所示。

图 2-59

图 2-60

（5）在打开的【选择性粘贴】对话框中，选择【转置】复选框，如图 2-61 所示。

（7）单击【确定】按钮，即可把单元格中的行与列互换，效果如图 2-62 所示。

图 2-61

图 2-62

2.3.10　快速选中单元格、区域、行或列

操作方法：

（1）用鼠标单击某个单元格，可以将该单元格选中。

（2）单击待选区域的第一个单元格，然后拖动鼠标至最后一个单元格，可以将两者之间的区域选中。

（3）单击工作表的全选按钮，可以将当前工作表选中。

（4）按住 Ctrl 键不放，单击或使用鼠标拖动，可以选中不相邻的多个单元格或区域。

（5）选中某区域的第一个单元格，按住 Shift 键，然后单击区域对角的单元格，可以将两者之间的矩形区域选中。

（6）单击行号可将对应的整行选中，单击列标可将对应的整列选中。

（7）沿行号或列标号拖动鼠标，或者先选中第一行或第一列，按住 Shift 键不放，再选中结束行或列，就可以选中相邻的多个行或列。

2.3.11　快速清除单元格内容

清除单元格中的内容是指清除单元格中的公式、数据、样式等信息，而留下空白的单元格，同时保留其他单元格中的信息。

清除操作的方法是选中需要清除的单元格或单元格区域，按键盘上的 Delete 键即可；也可通过单击鼠标右键，在弹出菜单中选择【清除内容】命令来实现。

2.3.12　删除单元格、行或列

删除单元格是指将选定的单元格从工作表中删除，并用周围的其他单元格来填补留下的空白。它与清除单元格内容是两个不相同的概念。

操作方法：

（1）选定需要删除的单元格、行或列。

（2）使用鼠标右键单击选定内容，在弹出菜单中选择【删除】命令，弹出【删除】

对话框，如图 2-63 所示。

（3）在对话框中选择相应的选项，最后单击【确定】按钮，即可删除相应的单元格。

·右侧单元格左移：所选单元格被删除，在其右侧所有单元格向左移动一个单元格的位置。

·下方单元格上移：所选单元格被删除，在所选单元格下方的所有单元格向上移动一个单元格的位置。

·整行：删除所选行或所选单元格所在行，其下方所在行自动上移一行的位置。

图 2-63

·整列：删除所选列或所选单元格所在列，其右侧之后的所有列向左移动一列的位置。

2.3.13 插入单元格、行或列

插入单元格是指在原来的位置插入新的单元格，而原位置的单元格将顺延到其后的位置上。

操作方法：

（1）选定需要插入单元格、行或列的位置。

（2）使用鼠标右键单击选定的单元格，在弹出菜单中选择【插入】命令，此时将弹出如图 2-64 所示的【插入】对话框。

（3）选择相应的单选按钮，然后单击【确定】按钮即可。

·活动单元格右移：在所选单元格右侧插入一个单元格，其后的所有单元格向右移动一个单元格的位置。

图 2-64

·活动单元格下移：在所选单元格下方插入一个单元格，其后的所有单元格向下移动一个单元格的位置。

·整行：在所选单元格或行的上方插入一个空行。

·整列：在所选单元格或列的左侧插入一个空列。

2.3.14 显示或隐藏行和列

在编辑完一张 Excel 工作表后，有时想暂时隐藏一些行或者列，但又不能从工作表中删除，该怎么操作呢？

操作方法：

假如不想打印的是 C 列，向左拖曳 C 列标的边界，当越过 B 列的右边界时，松开鼠标，则 C 列就被隐藏起来了。如果要重新显示 C 列，可将鼠标指向 B 列右边界，当指针变为中间一条黑线和左右向的双箭头时，稍微向右移动鼠标即可显示 C 列。

2.3.15 撤销与恢复操作

在编辑过程中，如果操作失误，我们可以撤销这些错误操作，已撤销的操作，还可

以再恢复它们。在 Excel 中，能够把执行的所有操作都记录下来。用户可以撤销先前的任何操作，撤销操作只能从最近一步操作开始。

1. 撤销操作

操作方法：

・单击快速访问工具栏中【撤销】按钮 。

・按 Ctrl+Z 键。

・如果撤销最近的多步操作，可以单击【撤销】按钮 右侧的向下三角按钮，在下拉列表中，选择要撤销的操作，如图 2-65 所示，系统会自动撤销这些操作。

2. 恢复操作

同样，撤销过的操作，在没进行其他操作之前还可以恢复。

操作方法：

・单击快速访问工具栏中【恢复】按钮 。

・按 Ctrl+Y 键。

・如果要恢复已撤销的多步操作，可以单击【恢复】按钮 右侧的向下三角按钮，在下拉列表中选择要恢复的操作，如图 2-66 所示，系统会自动恢复这些操作。

图 2-65　　　　　图 2-66

2.3.16　查找与替换

【查找】与【替换】是指在指定范围内查找到用户所指定的单个字符或一组字符串，并将其替换成另一个字符或一组字符串。

首先打开"人事面试题 150 问 .xlsx"工作簿。

1. 查找

在选定了要进行查找的区域之后，就可以进行查找操作了。

操作方法：

（1）选择【开始】菜单选项卡，单击【编辑】段落中的【查找和选择】按钮 ，在弹出的下拉菜单中选择【查找】命令，如图 2-67 所示。弹出【查找和替换】对话框，并处于【查找】选项卡中。

（2）在【查找内容】文本框中，输入所要查找的数据或信息，如图 2-68 所示。单击【选项】按钮，可根据需要设置对话框中的各个选项，如图 2-69 所示，可以在【搜索】列表框中选择【按行】或【按列】进行搜索。另外，还可以在【查找范围】列表框中选择所要搜索的信息类型。

图 2-67　　　　　　　　图 2-68

（3）单击【查找下一个】按钮，当找到确定的内容后，该单元格将变为活动单元格，如图 2-70 所示。

图 2-69　　　　　　　　　　　　　　　图 2-70

（4）单击【关闭】按钮，关闭【查找】对话框，并且光标会移动到工作表中最后一个符合查找条件的位置。

2. 替换

替换就是将查找到的信息替换为用户指定的信息。

操作方法：

（1）选定要查找数据的区域。

（2）单击【编辑】段落中的【查找和选择】按钮 🔍 ，在弹出的下拉菜单中选择【替换】命令，打开【查找和替换】对话框，并处于【替换】选项卡中。

（3）单击【选项】按钮（如果已经在【查找】选项卡中单击过该按钮，那么该按钮就不可见），在【查找内容】文本框中输入要查找的信息，在【替换为】文本框中输入要替换成的数据或信息，如图 2-71 所示。

（4）单击【查找下一个】按钮开始搜索。当找到相应的内容时，该单元格将变为活动单元格，这时可以单击【替换】按钮进行替换，也可以单击【查找下一个】按钮跳过此次查找的内容并继续进行搜索。

（5）单击【全部替换】按钮，可以把所有与【查找内容】相符的单元格内容替换成新内容，并弹出如图 2-72 所示的对话框，单击【确定】按钮关闭对话框。然后单击【关闭】按钮关闭【查找和替换】对话框。

图 2-71　　　　　　　　　　　　　　　图 2-72

2.3.17　设置字符的格式

默认情况下，单元格中的字体通常为宋体，如果想特别突出某些文字，可以把它们设置为不同的字体，并且可以设置字号，通过字号来突出标题。

1. 使用【字体】段落设置字符格式

粗体和斜体是两种常用的文字样式，粗体文字可以加强对某段文字的强调，对于重要的数据可以使用粗体。如果要改变文字的字体格式，最快的方式是使用【开始】菜单中的【字体】段落，如图 2-73 所示。

图 2-73

操作方法：

（1）选择要改变字体的单元格。

（2）单击【字体】右边的下拉箭头，从弹出的菜单中选择需要的字体即可。

（3）要改变文字的字号，和设置字体操作方法相同，在【字号】下拉列表框中选择一个数值即可。

（4）依次单击 B I U 图标按钮，在选中的文字上可以依次应用粗体、斜体和下划线效果。

（5）要想为文字添加一些色彩，可以单击【字体颜色】按钮 A ，即可以将文字设置成按钮图标中 A 字符下面的横线的颜色；如果不想使用这种颜色，单击按钮右边的下拉箭头，就会弹出一个如图 2-74 所示颜色面板，从中选择相应的颜色即可。

图 2-74

2. 使用对话框设置字体格式

也可以使用【设置单元格格式】对话框设置字体、字号、样式和字体颜色。

操作方法：

（1）选中要设置格式的单元格。

（2）选择【开始】菜单选项卡，单击【字体】段落右下角的【功能扩展】按钮 ，打开【设置单元格格式】对话框，如图 2-75 所示。

图 2-75

（3）在列表框中单击所需的字体、字形和字号等。

（4）单击【确定】按钮。

> **提示：** 如果要为单元格的某些字符设置格式，而不是为整个单元格中的数据设置格式，那么只要选中单元格中要设置格式的部分数据，然后使用和设置单元格格式同样的方法设置即可。要选中单元格的部分数据，用鼠标左键双击单元格，在单元格中出现光标插入点，按键盘上的Shift键，并配合左右方向键，就可以选中文字。

2.3.18 设置小数点后的位数

默认情况下，Excel 中的数字数据在单元格中右对齐，但是数字类型包括很多类型数据，因此就有必要设置小数点后的位数。

操作方法：

方法1：直接使用【开始】菜单中的【数字】段落中的【数字格式】下拉菜单中的【数字】选项并配合其下方的选项按钮来设置数字格式，如图 2-76 所示。

方法2：使用【设置单元格格式】对话框中的【数字】选项卡来设置。

如在单元格中的数据表示的是中国的货币（即人民币元），如果想改成美国的货币的表示形式（即美元），使用【单元格格式】对话框设置小数点后的位数格式的操作方法：

（1）选中要设置的单元格，选择【开始】菜单选项卡，单击【字体】段落右下角的【功能扩展】按钮，打开【设置单元格格式】对话框，切换到【数字】选项卡。

（2）在【分类】列表框中选择【货币】：

·在【小数位数】文本框中设置小数点后面的数字位数，这里设置为 0；

·在【货币符号（国家/地区）】下拉列表框中选择 $。

如图 2-77 所示。

图 2-76　　　　　　　　　　图 2-77

（3）设置完毕，单击【确定】按钮即可。

2.3.19 设置日期和时间的格式

默认情况下，当用户在 Excel 单元格中输入一些类似时间的数字时，Excel 就会自动识别日期和时间，如表 2–1 所示。

表 2–1　Excel 默认识别的日期和时间格式

日期格式		时间格式	
输入	识别为	输入	识别为
2024 年 2 月 14 日	2024–2–14	12：05	12：05
24 年 2 月 14 日	2024–2–14	12：05AM	12：05AM
24/2/14	2024–2–14	12 时 5 分	12：05
2/14	（当前年）2020/2/14	12 时 5 分 15 秒	12：05
14–Feb	（当前年）2020/2/14	上午 12 时 5 分	0：05

但有的时候，我们不想使用这种默认的日期和时间格式，因此可以随时设置日期和时间的显示方式。

接下来以把 2 月 14 日显示为二○二○年二月十四日为例。

操作方法：

（1）选中要设置时间的格式的单元格，然后选择【开始】菜单选项卡，单击【字体】段落右下角的【功能扩展】按钮，打开【设置单元格格式】对话框，切换到【数字】选项卡。

（2）在【分类】列表框中，选择【日期】，在【类型】下拉列表框中，选择一种时间的表示法，在这里选择【二○一二年三月十四日】，如图 2–78 所示。

（3）单击【确定】按钮即可按设置的日期进行显示了，如图 2–79 所示。

图 2–78

图 2–79

2.3.20　使用右键菜单设置列宽与行高

在工作表中列和行是有所不同的。Excel 默认单元格的列宽为固定值，并不会根据数据的长度自动调整列宽。当向单元格中输入数据因列宽不够而无法全部显示时，如果输入的是数值型数据，则显示一串 "*" 号；如果输入的是字符型数据，当右侧相邻单元格为空时，则利用相邻单元格的空间显示；否则，只显示当前宽度能容纳的字符。为此，也可能经常需要调整列宽。

使用右键菜单，可以精准设置列宽与行高。

1. 设置行高

操作方法：

（1）选中行，使用鼠标右键单击，在弹出菜单中选择【行高】命令，打开【行高】对话框，在【行高】文本框中输入数字，如【30】，如图 2-80 所示。

（2）单击【确定】，此时所选每行单元格的高度都变为更改后的高度。

2. 设置列宽

在默认情况下，单元格以一个默认的数值作为列宽，如果觉得这个数值不满意，可以对其标准列宽进行调整，在调整标准列宽前的工作表是正常默认的宽度。

操作方法：

（1）选中列，使用鼠标右键单击，在弹出菜单中选择【列宽】命令，打开【列宽】对话框，在【列宽】文本框中输入数字，如【12】，如图 2-81 所示。

图 2-80　　　　　图 2-81

（2）单击【确定】按钮，此时所选每列单元格的宽度都变为更改后的宽度。

2.3.21　使用鼠标设置列宽与行高

也可以直接拖动来调整列宽与行高。

1. 使用鼠标直接拖动调整列宽

操作方法：

移动鼠标到要调整列宽所在列的右侧边框线上，鼠标呈现✛状态后，按住鼠标左键向左或向右拖动，确定后松开鼠标左键，如图 2-82 所示。

完成后，列宽就会改变。

拖动时，鼠标指针的上方会出现目前的列宽值，可供设定列宽参考，如图 2-83 所示。

34	1kg/6袋/件	70.00	3	件	210.00	3件/箱
35	1kg/6袋/件	85.00	3	件	255.00	3件/箱
36	1kg/6袋/件	98.00	3	件	294.00	3件/箱
37	560*330*160	368.00	5	个	1,840.00	无框
38	1.5kg/盒	30.00	10	袋	300.00	10袋/箱
39	240g*12盒	70.00	4	件	280.00	4件/箱
40	240g*12盒	70.00	4	件	280.00	4件/箱
41	240g*12盒	70.00	4	件	280.00	4件/箱
42	2.5kg*4件/件	128.00	4	件	512.00	2件/箱

图 2-82　　　　　　　　　　　　图 2-83

2. 使用鼠标直接拖动调整行高

操作方法：

移动鼠标到要调整行高所在行的下边框线上，鼠标呈现✛状态后，按住鼠标左键向上或向下拖动，确定后松开鼠标左键，如图 2-84 所示。

完成后，行高就会改变。

拖动时,鼠标指针的上方会出现目前的行高值,可供设定行高的参考,如图2-85所示。

1kg/6瓶/件	70.00	3	件	210.00	3件/箱
1kg/6瓶/件	85.00	3	件	255.00	3件/箱
1kg/6瓶/件	98.00	3	件	294.00	3件/箱
560*330*160	368.00	5	个	1,840.00	无箱
1.5kg/袋	30.00	10	袋	300.00	10袋/箱
240g*12盒	70.00	4	件	280.00	4件/箱
240g*12盒	70.00	4	件	280.00	4件/箱
240g*12盒	70.00	4	件	280.00	4件/箱
2.5kg*4袋/件	128.00	4	件	512.00	2件/箱

图 2-84

图 2-85

2.3.22　设置文本对齐和文本方向

单元格中的文字也可以进行排版操作,如设置文字水平对齐、垂直对齐和文字方向等。

水平对齐方式,除了可以使用【开始】菜单选项卡中【对齐方式】段落的对齐按钮进行设置外,也可以利用下面的方法进行设置。

操作方法:

(1)选中要设置水平对齐方式的单元格。选择【开始】菜单选项卡,单击【对齐方式】段落右下角的【功能扩展】按钮,打开【设置单元格格式】对话框,如图2-86所示。

(2)从【水平对齐】下拉列表框中选择水平对齐方式,从【垂直对齐】下拉列表框中选择垂直对齐方式。

图 2-86

> 提示：如果需要将单元格合并或者是希望单元格能跨列,可以选中【合并单元格】复选框,如果不想让文字自动进入下一格单元格(这在打印时经常用到),就选中【自动换行】复选框,如果要保持单元格大小不变,那么只好选中【缩小字体填充】复选框了。

(3)单击【确定】按钮即可。

单元格文字的方向不仅可以水平排列和垂直排列,还可以旋转。方法是在【对齐】选项卡中,在【方向】栏中,选择文本指向的方向,或者在微调框中输入角度数即可,设置文本方向及效果如图2-87所示。

图 2-87

2.3.23　单元格合并居中

通常在设计表格时，我们都希望标题放在整个数据的中间，最为简单的方法就是使用单元格合并和居中。

操作方法：

（1）在"置业顾问销控 2018.11.24.xlsx"工作簿的"Sheet1"表格中，选择 A2 单元格，如图 2-88 所示。

（2）选择【开始】菜单选项卡，单击【对齐方式】段落中的【合并后居中】按钮，即可把选定的单元格以及单元格中的内容合并和居中了，合并居中的效果如图 2-89 所示。

图 2-88

图 2-89

2.3.24　设置单元格的边框

为了突出某些单元格区域的重要性或者要与其他单元格区域有所区别，可以为这些单元格区域添加边框、底纹或图案。

在 Excel 中，默认情况下，表格线都是统一的虚线，这些虚线在打印时是没有的，如果需要让这些表线在打印时出现，用户既可以使用【边框】按钮设置，也可以使用【单元格式】对话框设置单元格的边框，下面分别介绍。

如果在设置边框格式的同时，还需要设置边框的线型和颜色等，那么还是使用【设置单元格格式】对话框进行设置比较方便。

操作方法：

（1）选定需要添加边框的单元格或单元格区域，仍然选中"置业顾问销控 2018.11.24.xlsx"工作簿的"Sheet1"表格中的 A2 单元格。

（2）选择【开始】菜单选项卡，单击【字体】段落右下角的【功能扩展】按钮，打开【设置单元格格式】对话框。

（3）单击【边框】选项卡，切换到【边框】选项卡。

（4）在【边框】选项组中通过单击【外边框】、【内部】可以添加外边框和内部边框，如图 2-90 所示。在这里单击选中【外边框】。

图 2-90

在【边框】选项组中可以通过单击相应的边框样式来添加上、下、左、右、斜向上表头、斜向下表头，如图 2-91 所示。

图 2-91

（5）在【样式】列表框中为边框设置线条的样式，如图 2-92 所示。选择样式后，可以多次在【预置】选项组和【边框】选项组中单击需要的样式，这样就可以得到不同的框线效果。

（6）单击【颜色】下拉箭头，在弹出的颜色面板中选择边框的颜色，如图 2-93 所示。在这里选择【红色】。

（7）完成设置后，单击【确定】按钮，效果如图 2-94 所示。

图 2-92　　　　图 2-93

提示：单击【字体】段落中的【下框线】按钮右侧的向下箭头，在弹出的下拉菜单中可以快速设置单元格边框，如图 2-95 所示。

图 2-94

图 2-95

2.3.25 设置单元格的底纹和图案

如果希望为单元格背景填充纯色，可以使用【格式】工具栏上的【填充颜色】按钮。如果希望为单元格背景填充图案，则要使用【设置单元格格式】对话框中的【填充】选项卡来完成。

操作方法：

（1）选中要填充背景的单元格或单元格区域，仍然选中"置业顾问销控2018.11.24.xlsx"工作簿的"Sheet1"表格中的 A2 单元格。

（2）选择【开始】菜单选项卡，单击【字体】段落右下角的【功能扩展】按钮，打开【设置单元格格式】对话框。

（3）在【设置单元格格式】对话框中单击切换到【填充】选项卡，如图 2-96 所示。

图 2-96

（4）在【背景色】区域选择需要的颜色，在这里单击选择【红色】颜色框，即可用这种颜色填充所选定的单元格区域。

（5）为单元格的背景设置底纹图案，单击打开【图案样式】下拉列表，然后选择合适的图案，这些图案称为底纹样式。在这里选择【25% 灰色】，如图 2-97 所示。

图 2-97

（6）单击【确定】按钮，即可把所选的单元格设置为底纹颜色。效果如图 2-98 所示。对 B2 单元格进行上述同样的操作，并将 A2、B2 单元格中的文本颜色设置为【白色】，调整 B2 的列宽至合适大小，效果如图 2-99 所示。

图 2-98

图 2-99

2.3.26　设置单元格的特殊显示方式

设置单元格的特殊显示方式有很大的作用，例如，打开"寰宇养生堂订单150807.xlsx"工作簿，要显示"2020年订单模板"表格中G5列中金额大于500以上的订单表，如果有金额高于500的，可以用特殊的格式（颜色或字体）来显示。

操作方法：

（1）选中表示金额的所有单元格，单击【开始】菜单中的【样式】段落中的【条件格式】按钮，在弹出的下拉菜单中选择【突出显示单元格规则】|【大于】命令，如图2-100所示。

（2）打开【大于】对话框，如图2-101所示。

图2-100

图2-101

（3）按照如图2-102所示进行设置。

（3）单击【确定】按钮，效果如图2-103所示。

图2-102

图2-103

> **注意：** 如果想要删除条件，只需在【条件格式】按钮下拉菜单中选择【清除规则】命令，然后在子菜单中选择要删除的条件即可，如图2-104所示。

图 2-104

2.3.27 输入多种格式的日期和时间

在 Excel 中，日期和时间属于数字型数据，可进行多种计算，也可以使用多种输入方法。

操作方法：

（1）可以使用正斜杠【|】和连字符【–】来分隔日期的不同部分。比如要输入【2020年10月1日】可是在单元格中输入【10|1|2020】或者【1–Oct–2020】。

（2）可以使用英文的冒号【：】来分隔时间的不同部分。比如【10：30a】、【12：12p】或者【23：20】等。系统默认是【am】因此如果输入【2：00】则实际表示为【2：00a】。

（3）系统默认的日期和时间对齐格式是右对齐，如果出现左对齐，则肯定是输入的日期格式不正确。

2.3.28 快速输入日期

在 Excel 中有一个【自动识别】功能，该功能可以快速将输入的数据识别为日期格式。

操作方法：

（1）选中想要改变成日期格式的单元格，然后单击【开始】|【单元格】|【格式】|【设置单元格格式】菜单命令。

（2）在弹出的【设置单元格格式】对话框中选择【数字】选项卡，然后在【分类】列表框中选中【日期】选项，在右边的类型中选择【3月14日】选项，如图 2-105 所示。还可以在【区域设置】下拉列表中选择是按哪个国家的日期来显示。

（3）最后单击【确定】按钮即可。

图 2-105

这样，在选中的单元格中输入【3-1】、【3-2】之类的数据，回车后就会自动变成【3月1日】、【3月2日】等形式。

> **提示：** 没有选中的单元格将不具备这样的功能。

2.3.29　自动选择输入法

用户肯定有这样的感觉：在 Excel 单元格中输入数据时，不停地切换输入法会大大影响输入速度。那么如何定位到某个单元格，系统就会自动切换到预先设置的输入法呢？

操作方法：

（1）选中需要使用某种输入法的单元格或区域，然后将该输入法激活。

（2）单击【数据】|【数据工具】|【数据验证】，在弹出的【数据验证】对话框中单击【输入法模式】选项卡，在【输入法】的【模式】下拉列表中选中【打开】项，如图 2-106 所示。

图 2-106

（3）单击【确定】按钮，结束操作。

这时，如果选中已设置输入法的单元格或区域，系统都会自动切换到该输入法。

2.3.30　自动将输入的整数改变为小数

用户可能会遇到这样的情况：当前工作表中需要输入的数值全是小数位，而且输入的数据有很多。此时如果直接进行输入，每次都要键入零和小数点，就大大增加了操作量，错误的概率也会增加。如果直接输入数值，系统能自动转化为小数，那就好了。Excel 为我们提供了此功能。

操作方法：

（1）执行【文件】|【更多】|【选项】命令。

（2）在弹出的【Excel 选项】左侧列表选择【高级】选项卡，然后选中【自动插入小数点】复选框，在【位数】框中设置小数位，比如设置为【2】，如图 2-107 所示。

（3）单击【确定】按钮，结束操作。

这样，如果我们在单元格中输入【12】后按回车键，单元格中将会自动把数据变为【0.12】。

图 2-107

如果想对其他的工作表进行操作，就需要取消【自动插入小数点】复选框。因为当设置后，它会将输入的整数都识别为小数形式。

2.3.31 导入文本文件

有时我们手头会有一些以纯文本格式储存的文件，如果这时需要将这些数据制作成 Excel 的工作表，重新输入一遍非常麻烦，如果将数据一个个进行【复制】和【粘贴】也要花去很多时间。此时可以使用 Excel 的导入文本文件功能来帮忙。

操作方法：

（1）单击【数据】菜单选项卡，单击【获取和转换数据】段落中的【从文本/CSV】按钮，然后在出现的【导入数据】对话框中选择要导入的文本文件，如图 2-108 所示。

（2）单击【导入】按钮后，出现如图 2-109 所示对话框。

图 2-108　　　　　　　　　　图 2-109

（3）此时我们看到预览显示的内容为乱码，此时单击【文件原始格式】右下角的向下箭头，在打开的列表中选择【无】，此时显示恢复正常，如图 2-110 所示。

必须在原始数据类型框中选择文本文件中文字的编辑方式：分隔符号是以逗号或 Tab 键来区分文字，固定宽度则是以标尺设定的距离来区分。

（4）选择好之后，单击【加载】按钮，从下拉列表中选择【加载到】选项，按照如图 2-111 所示对话框进行设置。

图 2-110

图 2-111

（5）单击【确定】按钮，系统就会自动创建一个工作表，如图 2-112 所示。

图 2-112

2.3.32　在单元格中输入多行文本

默认情况下，Excel 中一个单元格只显示一行文本，却不考虑文本的长度是否超出了单元格的宽度。这样会使得右边的数据被长文本所遮掩。而如果我们直接按回车键，默认情况下只是将输入框自动移动到下一个单元格中，并没有我们所期望的那样在同一单元格中换行。用户希望当输入文本到达单元格的右边界时，能自动换行。那么怎样设置才能达到这种要求呢？

操作方法：

（1）选定要输入多行文本的单元格。

（2）选择【开始】菜单选项卡，单击【对齐方式】段落中的【自动换行】按钮即可。

这样，当输入的文本到达单元格的右边界时，就会自动换行，同时单元格的高度也随之增加。

2.3.33　巧妙快速复制单元格内容

1. 复制内容到下一个单元格（行）中

选中下面一个单元格（行），按键盘上的 Ctrl+D 组合键，就可以将上一单元格（行）的内容复制到此单元格（行）中来。

2. 将内容复制到右边的单元格（列）中

选中一个单元格（列），然后将光标移动到该单元格（行）的右侧，按键盘上的 Ctrl+R 组合键，即可将该单元格（列）的内容复制到此单元格右边的单元格（列）中。

3. 快速将内容剪切到目标单元格中

选中某个单元格，然后将鼠标移至该单元格的边框外，鼠标指针变成梅花状时，按住左键拖拉到目标单元格后松开，即可快速将该单元格中的内容剪切到目标单元格中。

4. 将内容复制到多个单元格（行）中

选中被复制内容的单元格（行）及下面的多个单元格（行），再按下 Ctrl+D 组合键，即可将被复制的内容复制到下面选中的多个单元格（行）中来。

2.3.34　快速地在不连续单元格中输入同一数据

　　频繁地在不同单元格中输入同一个数据是个不明智的选择，如果我们能够一次性在多个单元格中输入这个数据，就方便快速得多了。

　　操作方法：

　　（1）用 Ctrl 键分别选取所有需要输入相同数据的单元格。

　　（2）然后松开 Ctrl 键，在【编辑栏】中输入数据，比如数据【2】。

　　（3）按住 Ctrl 键的同时按下回车键。这时所有选中的单元格中都会出现这个数据，如图 2-113 所示。

图 2-113

2.3.35　快速格式化单元格

　　在 Excel 中，我们很多时候都需要对不同的单元格进行格式化。一般的操作都是选择【开始】菜单选项卡，然后单击【字体】段落右下角的【功能扩展】按钮，来调出【设置单元格格式】对话框。一旦需要格式化的单元格很多，效率就很低。

　　其实可以通过键盘快捷键来更快地进行，只要使用 Ctrl+1 组合键即可弹出【设置单元格格式】对话框，对单元格进行格式化操作。

2.3.36　隐藏所选单元格的值

　　在编辑工作表中，有时要将所有单元格的值都隐藏起来，特别有可能是一些重要的数据（比如要打印的员工花名册中的身份证号、银行卡号、工资信息等）不想让别人看到。那么怎样隐藏单元格中的所有值呢？

　　操作方法：

　　（1）选中需要隐藏的单元格，然后使用 Ctrl+1 组合键，在弹出的【设置单元格格式】对话框中选中【数字】选项卡。

　　（2）在【分类】栏中选中【自定义】选项；在【类型】框中输入三个英文状态的分号（;;;），如图 2-114 所示。

图 2-114

　　（3）单击【确定】按钮，结束操作。

　　这时选中的单元格中的数值将自动隐藏起来以空白形式显示。如果想恢复单元格中的数值，只需在【类型】列表框中选中【G/ 通用格式】即可。

2.3.37　快速进行行或列重复填充

接下来讲解在同一行（或同一列）的单元格内重复填充数据的方法。

操作方法：

（1）选中包含原始数据的单元格（或区域），然后将鼠标移至所选区域右下角的填充柄上。

（2）当光标变为小黑十字时，按住鼠标左键并拖过所有需要填充的单元格，完成后松开鼠标。

> **注意：** 如果被选中的是数字或日期等数据，最好按住 Ctrl 键拖动鼠标，从而防止以序列方式填充单元格。

2.3.38　快速锁定全部单元格

操作方法：

（1）打开相应的工作簿，切换到需要锁定的工作表下，选择【审阅】菜单选项卡，单击【保护】段落中的【保护工作表】按钮，打开【保护工作表】对话框，如图 2-115 所示。

（2）在打开的【保护工作表】对话框中，根据锁定内容的需要进行适当设置，并输入密码（密码需要确认输入一次），最后单击【确定】按钮，结束操作。

这样当前整个工作表即被锁定，使用者只能浏览，不能对锁定项目进行处理。

图 2-115

2.3.39　在单元格内输入分数

要在 Excel 工作表的某个单元格内输入分数，如"1/3"，可以先键入"0"，再键入一个空格，然后键入 1/3，其他类似。

2.3.40　创建下拉菜单来输入数据

有时候希望创建的工作表的某些单元格只能输入事先设定好的数据，而不能随意地输入数据，应该如何做呢？可以利用【数据验证】功能来进行操作。

操作方法：

（1）选中需要创建下拉列表的单元格或某个单元格区域。

（2）单击菜单命令【数据】|【数据工具】|【数据验证】，在弹出的【数据验证】

对话框中选择【设置】标签。

（3）在【允许】下拉列表中选中【序列】选项，在【来源】框中单击右边框上的小图标，弹出一个新的窗口。

（4）在新的窗口框中，输入想输入的数据，比如输入【中专，高中，大专，本科，硕士，博士】等。这里键入的内容之间必须用英文逗号隔开。

（5）单击右边框的小图标回到上一个界面中，选中【提供下拉箭头】复选框，然后单击【确定】按钮即可。

图 2-116

这时所选中的单元格或某个单元格区域就会出现下拉列表框，如图 2-116 所示。

2.3.41 消除缩位后的计算误差

在单元格中，很多时候要输入小数。当小数位数达到两位以上，而实际精度却只要求一位时，计算结果就会产生误差。那么如何解决这个问题呢？

操作方法：

（1）单击菜单命令【文件】|【更多】|【选项】|【高级】。

（2）在【计算此工作簿时】栏选中【将精度设为所显示的精度】复选框，在弹出的提示对话框中单击【确定】按钮，如图 2-117 所示。

（3）单击【确定】按钮关闭【Excel 选项】对话框，结束操作。

图 2-117

2.3.42 使用【粘贴选项】来快速复制网页上的数据

可以从网页上复制数据到工作表中，这样可以加快数据的输入速度。

操作方法：

（1）在 Web 网页上选择要复制的数据，然后单击菜单命令【编辑】|【复制】。

（2）切换到 Excel 中，单击要显示复制数据的工作表区域的左上角，然后单击【开始】|【剪贴板】|【粘贴】菜单命令。

（3）如果网页上的数据格式显示不正确，可以单击下列操作之一：

· 【保持源格式】：不做任何更改。

· 【匹配目标格式】：匹配原有单元格格式。

· 【创建可刷新的 Web 查询】：可以创建复制的网页的查询。也可刷新网页稍后要更改的数据。

2.3.43 固定活动单元格

操作方法：

（1）选中某一单元格后，按住 Ctrl 键，用鼠标再次单击这个单元格。

（2）在出现的实线框中输入数据后，按键盘上的 Enter 键，活动单元格不会发生移动，仍静止在原处。这对于需要反复输入数据进行试算的情况非常有用。

2.3.44　快速为汉字加上拼音

操作方法：

（1）选中已输入汉字的单元格，然后单击菜单命令【开始】|【字体】|【显示或隐藏拼音字段】|【显示拼音字段】，单元格会自动变高。

（2）单击【开始】|【字体】|【显示或隐藏拼音字段】|【编辑拼音】菜单命令，在汉字上方输入拼音。

（3）单击【开始】|【字体】|【显示或隐藏拼音字段】|【显示拼音】菜单命令。

如果想修改汉字与拼音的对齐关系，可以使用【开始】|【字体】|【显示或隐藏拼音字段】|【设置拼音】命令。

2.3.45　快速输入特殊货币符号

操作方法：

（1）选中工作表中的某个单元格，按 Num Lock 键打开数字小键盘。

（2）按住 Alt 键，用数字小键盘输入【0162】后按 Enter 键，可得分币字符；输入【0163】后按 Enter 键，可得英镑符号；输入【0165】后按 Enter 键，可得日元符号；输入【0128】后按 Enter 键可得欧元符号。

2.3.46　快速定位到指定的单元格

可以使用键盘快捷键来快速定位到指定的单元格，方法有3 种。

方法 1：按 F5 键，在弹出的【定位】对话框中的【引用位置】中输入欲跳到的单元格地址，然后单击【确定】按钮即可，如图 2-118 所示。

方法 2：使用组合键来打开【定位】对话框，如 Ctrl+G组合键，也同样能达到上面的效果。

方法 3：单击【编辑栏】左上角的单元格名称框，在框中输入单元格地址即可。

图 2-118

2.3.47　使用记录单快速录入数据

Excel 记录是一个强大的功能，可以快速记录数据、查找数据、核对数据、修改和删除数据等，下面一起学习关于 Excel 记录单的几个使用技巧。

1. 添加 Excel 记录单

Excel 记录单不是默认在菜单栏上，要把它添加到【开始】选项菜单中才能使用。

操作方法:

(1)执行【文件】|【更多】|【选项】命令。

(2)在打开的【Excel 选项】对话框中,单击切换到【自定义功能区】选项卡,在【从下列位置选择命令】选择下拉列表中的【所有命令】,如图 2-119 所示。

(3)单击选择其下拉列表框中的【记录单】,如图 2-120 所示。

图 2-119   图 2-120

(4)单击选中右侧的【主选项卡】下面的【开始】,然后单击【新建组】按钮,如图 2-121 所示。

(5)将【开始】末尾处新出现的【新建组(自定义)】项更名为【记录单(自定义)】,如图 2-122 所示。

图 2-121   图 2-122

(6)单击【添加】按钮,最后单击【确定】按钮关闭【Excel 选项】对话框,如图 2-123 所示。

这样就将记录单添加到了【开始】选项菜单栏中,如图 2-124 所示。

图 2-123

图 2-124

2. 快捷录入数据

打开 Excel 记录单，就可以直接在弹出来的窗口中录入数据，如图 2-125 所示。使用 Tab 键进行下一条内容填充，按下回车键完成填充。

3. 按条件查找数据

在记录单中可以按条件查找数据。

操作方法：

（1）单击图 2-125 中的【条件】按钮，打开如图 2-126 所示对话框。

（2）在左侧输入关键字，然后通过单击"下一条"按钮，就可以查找带有关键字的内容了。比如在"部门"文本框中输入"企划部"，然后单击【下一条】按钮，就可以出现查询结果，如图 2-127 所示。单击【下一条】按钮可以继续查看查找结果。

图 2-125

图 2-126

图 2-127

4. 修改和删除数据

在记录单上也可以对数据进行修改，还可以单击【删除】按钮删除不需要的数据。

2.3.48　在单元格中快速填充条纹

可以给工作表中的一些单元格添加条纹来美化工作表。

操作方法：

（1）在需要填充的单元格中键入"~"或"*"，然后单击该单元格，用鼠标进行拖动来选择所有需要填充的单元格，如图 2-128 所示。

图 2-128

（2）使用 Ctrl+1（数字）快捷键打开【设置单元格格式】对话框，单击【对齐】选项卡，在【水平对齐】下拉列表中选择【填充】选项，如图 2-129 所示。

（3）单击【确定】按钮即可。这时，所选中的单元格区域将会全部填充所键入的内容，如图 2-130 所示。

图 2-129

图 2-130

2.3.49 复制填充

使用此法可将一块数据区域复制到工作表中的任意位置。

操作方法：

（1）选中需要复制数据的单元格区域，按住 Shift 键后，将鼠标移动到数据区域的边界。

（2）按住鼠标左键不放，拖动数据区域向目标位置移动，其间 Excel 会提示数据将被填充的区域，到达指定位置松开鼠标即可。

2.3.50 移动填充

使用此方法可以将一块数据区域移动到工作表中的任意位置。

操作方法：

（1）选中需要移动的数据区域。

（2）按住 Shift 键，将鼠标移动到数据区域的边框（提示：不是填充柄，下同）。然后按住鼠标左键，拖动数据区域向目标位置移动，其间 Excel 会提示数据被填充的区域，到达指定位置松开鼠标即可。

2.3.51 行列转置

所谓行列转置是指将单元格的行转置成列，将列转置成行，但单元格所对应的行标题或列标题是不受影响的。

操作方法：

（1）打开"销售员年度销售情况"工作簿。

（2）移动鼠标选择想要转置的单元格，在这里选择 A2 到 D8 单元格之间的区域，如图 2-131 所示。

（3）执行【开始】|【复制】命令，或者直接使用 Ctrl+C 快捷键。

（4）移动鼠标选择要将数据粘贴到的工作表和单元格，在这里选择工作表中的 A10 单元格，如图 2-132 所示。

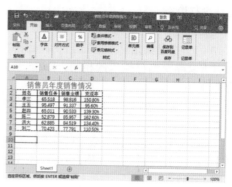

图 2-131　　　　　　　　　　　　图 2-132

（5）执行【开始】|【粘贴】命令，在弹出菜单中选择【转置】，如图 2-133 所示。

（6）完成后，就会将数据转置，界面显示如图 2-134 所示。

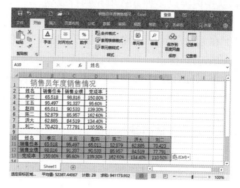

图 2-133　　　　　　　　　　　　图 2-134

数据转置后，复制范围最上面一行的数据会出现在粘贴范围的最左边一列，而最左边一列的数据会出现在最上面一行，其他的字段则会自动对应在正确的字段。

2.3.52　快速互换两列数据

有时需要调整表格中两列数据的先后顺序，比如要交换 A 列和 B 列的数据。

操作方法：

（1）用鼠标选定 A 列数据区域，并把鼠标放在 A 列数据区域的右边，然后在按下 Shift 键的同时，按下鼠标左键，这时鼠标变为向左的箭头。

（2）拖动鼠标至 B 列数据区域的右边，看到一条垂直的虚线时松开 Shift 键和鼠标左键。

这样就实现了 A 列、B 列的数据互换。同样，也可以实现两行数据的互换。

2.3.53　进行记忆填充

如果同一列的各单元格需要填充文本与数字混合的数据，可采用【记忆式键入】的方法进行填充。

操作方法：

（1）在已填充单元格的下一单元格中继续输入，只要输入的头几个字符（其中必须含有文本）与已输入的相同，Excel 就会自动完成剩余的部分。

（2）按 Enter 键表示接受，否则继续输入其他内容，修改 Excel 自动填充的部分内容。

如果记忆填充功能失效，只要将【文件】|【更多】|【选项】|【高级】中的【为单元格值启用记忆式键入】选中即可，如图 2-135 所示。

图 2-135

2.3.54　进行快捷填充

可将选中内容以多种方式填充到行或列。

操作方法：

（1）在起始单元格中输入数据的初值，再在其下方或右侧的单元格中输入数据的其他值，然后将它们选中。

（2）将鼠标移至已选中区域右下角的填充柄，当光标变为小黑十字时，按住鼠标右键后沿行或列拖动。

（3）选中需要填充的单元格区域后松开鼠标，在出现的如图 2-136 所示的菜单中单击合适的命令即可。

图 2-136

2.3.55　让列标题总是可见

在 Excel 中滚动表格时，如果表格比较长，超出了屏幕范围，一些标题就看不见了，这样给操作带来不便。应该如何避免这种情况呢？

操作方法：

选择紧邻列标题的下一行，然后单击【视图】|【窗口】|【冻结窗格】命令即可。

这样被冻结的列标题不会滚动，而且在移动工作簿的其他部分时，列标题会保持可见。

2.3.56　进行重复填充

操作方法：

（1）选中需要使用公式或填充数据的所有单元格。如果某些单元格不相邻，可以按住 Ctrl 键逐个选中。

（2）单击 Excel 的编辑栏，按常规方法在其中输入公式或数据。

（3）输入完毕，按住 Ctrl 键不放，再按键盘上的 Enter 键，公式或数据就会被填充到所有选中的单元格。

2.3.57　自定义填充序列

上面已介绍了自动填充序列的输入，如果用户想定义一些有自己个性格式的填充序列，就可以进行自定义列表。

操作方法：

（1）要定义成为序列的数据，这些数据应该有一定的规律，例如，要在一行（或一列）的单元格中输入有规律性的多个数据，然后选中这些单元格，如图 2-137 所示。

（2）在 Excel 中单击【文件】菜单，单击底部的【更多】按钮，在下拉菜单中选择【选项】命令，如图 2-138 所示。

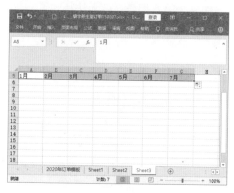

图 2-137

图 2-138

（3）在【Excel 选项】对话框中单击【高级】标签，向下拖动滚动条，找到【常规】分组中的【编辑自定义列表】按钮，如图 2-139 所示。

（4）单击【编辑自定义列表】按钮，打开【自定义序列】对话框，如图 2-140 所示。

图 2-139

图 2-140

（5）在【自定义序列】列表框中选中【新序列】项，然后在【输入序列】框中依次输入所需要的序列。每输入一个序列后回车再输入下一个序列。输入后单击【添加】按钮将输入的新序列添加到序列列表中。由于我们已经事先选中了要建立序列的单元格，所以只需单击【导入】按钮，然后选中图 2-137 所示的数据，就可以在该栏中自动填入单元格范围。这时，可以看到所定义的序列会添加到【自定义序列】列表中，如图 2-141 所示。

图 2-141

（6）单击【确定】按钮，返回到【Excel 选项】对话框，再单击【确定】按钮，返回到 Excel 工作界面。

此后就可以像使用其他系统定义的序列一样，输入刚才自定义序列了。但如果定义的一组序列超出了定义的范围，则再往后的序列数据就会重复出现，如当定义了【第一回合】到【第七回合】的序列，那么在使用时，如果是第八回合，就无法得到了，此时它会重复前面的序列。

2.3.58　进行其他序列填充

等差、等比序列可以用以下方法填充。

操作方法：

（1）将光标放置在需要填充的行或列的起始位置。

（2）单击【开始】|【编辑】|【填充】|【序列】命令，打开【序列】对话框，如图 2-142 所示。

（3）在出现的对话框中单击【序列产生在】、【类型】等项目，输入【步长值】和【终止值】，最后单击【确定】按钮结束操作。

图 2-142

2.3.59　进行并列内容填充

Excel 工作表内容通常采用鼠标拖动的方法填充。如果待填充列的左侧或右侧有内容，可以采用下面的方法快速填充内容。

操作方法：

（1）在待填充列的第一个单元格内输入内容，然后将这个单元格选中。

（2）移动光标指针到单元格右下角的填充柄上，待空心十字光标变成黑色十字光标以后双击鼠标。所选中的内容就会向下填充到左侧或右侧数据列的截至位置。

2.3.60　去掉网格线

有时在 Excel 中制作图表时，不需要使用网格线。但是系统默认的情况下网格线总是显示的，那么有什么办法能解决这个问题呢？

操作方法：

单击取消【视图】|【显示】段落中的【网格线】复选框即可。

如果要想重新显示网格线，用同样的方法选中【网格线】复选框即可，如图 2-143 所示。

图 2-143

2.3.61　快速放大或缩小表格

操作方法：

在 Excel 中按住 Ctrl 键不放，然后滑动鼠标滚轮，就可以放大或缩小 Excel 表格了。

> **提示：** 上述操作的前提是鼠标要有滚轮。

2.3.62　重复输入上一个单元格内容

操作方法：

在单元格中输入内容后，按下回车键，再按下 Ctrl+D 组合键，可以重复输入上一个单元格内容。

2.3.63　快速输入带部分重复项目的数据

有时输入的数据有部分重复出现，这部分重复出现的内容每次都要输入，浪费时间和精力，其实这个问题可以通过单元格的自定义功能轻松解决。

例如，输入身份证号码，一般单位大部分员工的身份证号码的前 6 位数是相同的，如某单位员工的居民身份证号码前 6 位数是 371158，则自定义方法为：

（1）选定要设置格式的单元格，然后单击【开始】|【单元格】|【格式】|【设置单元格格式】菜单命令。

（2）在出现的【设置单元格格式】对话框的【数字】选项卡的【分类】列表中，单击【自定义】，然后任选一种内置格式（一般选择不常用到的格式），在【类型】框中输入" " 371158 " @"（一定要在数上加上英文双引号）。

（3）单击【确定】按钮后退出，此后只要输入身份证号码中 371158 后面几位就可以了。

若现在要重复输入部分汉字，如"山东省"则直接输入"山东省 @"即可，在"山东省"三个字上是不需加引号的。

> **提示：** 编辑内置格式时，并不删除该格式，若自定义的格式不再需要，可删除。

2.3.64 快速换算单位

如果要经常使用 Excel 进行报表的汇总工作，单位领导要精确到分的数据，而上报上级部门时，却要求以千元为金额单位。这样，为了让【分】变成【千】就会把用户搞得晕头转向的。下面介绍一个省事的好方法。

图 2-144

操作方法：

（1）在工作表中单击某个空白单元格，比如 A7 单元格，输入数字 1000 然后选中 A7 单元格。

（2）单击常用工具栏中的【复制】按钮，然后选择需要精确到千元的单元格域。

（3）单击【开始】|【剪贴板】|【选择性粘贴】菜单命令，然后在打开【选择性粘贴】对话框的【运算】选项下，单击选中【除】复选钮，最后单击【确定】按钮，如图 2-144 所示。

这样就相当于所选中的单元格中的数据全部除以 1000，现在，Excel 工作表中的数值已变为以千元为单位，以后就不用再为精确位数的转换而伤脑筋了。

2.3.65 批量调整单元格列宽

操作方法：

对于相邻的多列：

（1）在其列标处用鼠标选中整列，并将鼠标移至选中区域内。

（2）将鼠标移至选中区域内任何一列的列标边缘，当鼠标变成左右带箭头的【十】字形时，按下左键并拖动，则将选中的所有列的宽度调成相同的尺寸。

（3）此时双击左键，则将选中的所有列的宽度调成最合适的尺寸，以和每列中输入最多内容的单元格相匹配。

对于不相邻的多列：

（1）先按下 Ctrl 键并配合鼠标左键单击或按下左键并拖动的操作，选中需调整的列。

（2）将鼠标移至选中的区域内任何一列的列标处，当鼠标变成左右带箭头的【十】字形时，按下左键并拖动，则将选中的所有列的宽度调成相同尺寸。

（3）此时双击左键，则将选中的所有列的宽度改成最合适的尺寸。

以上列举的都是列的操作，行的操作与上述操作基本相同。

2.3.66 设置单元格数据的对齐方式

为了表格的美观，需要对数据的对齐方式进行设置。

操作方法：

（1）选择要进行对齐方式设置的单元格或区域，然后使用 Ctrl+1（数字键）打开【设置单元格格式】对话框。

（2）在【对齐】选项卡中，分别设置【水平对齐】和【垂直对齐】；在右侧的【方向】栏中还可以设置文字的旋转方向；在【从右到左】栏中选择一种文字方向。如图 2-145 所示。

（3）单击【确定】按钮，结束操作。

图 2-145

2.3.67　对【姓名】进行快速对齐

在各种对齐方式中，常用的是【左对齐】、【右对齐】或者【居中对齐】。而在表格中输入姓名时，由于姓名字数不一，这样影响了工作表的美观。就要用到【分散对齐】。怎样才能快速地实现这种操作？

操作方法：

（1）选中含有姓名的单元格，然后使用 Ctrl+1（数字键）打开【设置单元格格式】对话框。

（2）选择【对齐】选项卡，在【水平对齐】下拉列表中选中【分散对齐（缩进）】选项，如图 2-146 所示。

（3）单击【确定】按钮，结束操作。

图 2-146

2.3.68　批量设定单元格格式

操作方法：

（1）通过按下 Ctrl 键并配合鼠标左键单击（或按下左键并拖动）的操作选择不连续单元格，或者通过按下鼠标左键并拖动选择连续单元格。

（2）将鼠标移至选中的任何区域内，单击鼠标右键，在弹出的快捷菜单中选择【设置单元格格式】命令，进行批量设定单元格格式。

2.3.69　让数据根据单元格大小自动调整字号

在编辑工作表时，所编辑的列的宽度可能已经固定，但由于该列各单元格中的字符数不等，从而导致有些内容不能显示出来。那么在不改变列宽的前提下如何让这些原本看不见的内容显示出来呢？这就要利用 Excel 的【自动调整字号】功能。

操作方法：

（1）选中需要自动调整字号的单元格区域，然后使用 Ctrl+1（数字键）打开【设置单元格格式】对话框。

（2）选中【对齐】选项卡，在【文本控制】选项下选中【缩小字体填充】复选框，如图 2-147 所示。

（3）单击【确定】按钮，结束操作。

图 2-147

这样，当数据长度超过单元格宽度时，系统就会自动调整字体，使得其数据长度不会超过单元格宽度。

2.3.70 旋转单元格中的数据

一般来说，单元格中的数据或文本不是水平方向的就是垂直方向的。但在设置一些数据表格时，某些单元格中的数据需要进行旋转，使得表格更加美观。那么如何让这些文字进行任意角度的旋转呢？

操作方法：

（1）选中需要进行旋转的文字所在的单元格，然后使用 Ctrl+1（数字键）打开【设置单元格格式】对话框。

（2）选择【对齐】选项卡，在【方向】栏中设置所需要的角度。可以通过直接输入数据来精确地设置旋转角度，也可以使用鼠标单击来粗略地设置。

（3）单击【确定】按钮，结束操作。

2.3.71 用【查找】功能帮助选择

操作方法：

（1）选择【开始】菜单选项卡，然后单击【编辑】段落中的【查找和选择】|【查找】命令。

（2）在出现的【查找和替换】对话框的【查找】选项卡的【查找内容】后面的方框中输入要查找的关键字符，如图 2-148 所示。

（3）单击【查找全部】或【查找下一个】按钮，就可以一次性全部或依次选中包括上述关键字符的单元格。

图 2-148

提示： 上述操作在【替换】标签下，也可以进行。

2.3.72　输入等号

当使用 Excel 时，想在一个单元格中只输入一个等号，就会遇到这样的问题：输入完等号后，它认为要编辑公式，如果单击其他单元格，就表示引用了。

这时单击编辑栏前面的【√】号，或者直接按 Enter 键，就可以完成等号的输入。

2.3.73　锁定或隐藏单元格数据

在编辑工作表的过程中，有时为了防止误操作，可能要避免一些已经编辑好的单元格被改动。这自然涉及单元格的保护功能。保护单元格的方法有两种，一种是【锁定】，即锁定这些单元格，使得在误操作时，弹出提示框禁止用户修改数据；另一种是【隐藏】，即隐藏单元格。

操作方法：

（1）选择需要进行锁定的单元格或者区域，然后使用 Ctrl+1（数字键）打开【设置单元格格式】对话框。

（2）单击【保护】选项卡，然后选中【锁定】或者【隐藏】复选框，如图 2-149 所示。

（3）单击【确定】按钮，结束操作。

图 2-149

2.3.74　快速进行线条修改

在 Excel 中，一张表格画好后，如果想对其中的几个线条进行修改，怎么办呢？

操作方法：

（1）单击【开始】菜单选项卡的【字体】段落中的【下框线】命令按钮 右侧的下拉箭头。

（2）在弹出的菜单中选择相应的线条样式及颜色，然后在想修改的表格线上再画一次即可。

2.3.75　突出显示满足设定条件的数据

有时候需要显示那些满足一定要求的数据，便于用户进行观察和进一步的编辑。这时就需要使用【条件格式】来标记单元格了。那么如何设置才能达到突出显示满足设定条件的数据呢?

> **提示:**【条件格式】是指当单元格中的数据或者公式满足一定条件后,将单元格底纹或字体颜色等格式自动应用于这些单元格。比如可以设置当学生课程成绩满足大于 60 分时,将其设置为绿色;否则,设置为红色。

操作方法:

(1)选择要进行条件格式设置的单元格或区域,然后单击【开始】|【样式】|【条件格式】|【新建规则】菜单命令。

(2)在弹出的【新建格式规则】对话框(如图 2-150 所示)的【选择规则类型】栏中选择规则类型,在随后的几个栏中选择要满足的条件。

(3)在这里选择【只为包含以下内容的单元格设置格式】,然后单击【格式】按钮,设置颜色为【红色】。

(4)设置条件,比如【单元格值】、【大于】、【60】,并单击【格式】按钮设置颜色为【红色】。

图 2-150

(5)设置完毕,单击【确定】按钮,结束操作。

2.3.76 巧用快捷键任移方向

在使用 Excel 时,当活动单元格中数据输入完毕,按下 Enter 键后,插入点就会移动到其下面的单元格中。如果并不希望插入点下移,而是需要插入点移到相邻的其他单元格,那么下面的快捷键或许能够满足需要:

Shift+Enter:上移插入点。

Tab 键:右移插入点。

Shift+Tab:左移插入点。

2.3.77 让工作表中的 0 值不显示出来

有时,对于某些工作表,很多单元格中的数值会有很多 0。这样不便于编辑其他非零值的单元格。最好先把这些零值的单元格隐藏起来,做完编辑后,再把它们显示出来。

操作方法:

(1)单击【文件】|【更多】|【选项】命令,打开【Excel 选项】对话框。

(2)单击【高级】选项卡,在【在此工作表显示的选项】栏中,取消【在具有零值的单元格中显示零】复选框,如图 2-151 所示。

(3)单击【确定】按钮,结束操作。

图 2-151

然后编辑窗口中的所有零值单元格中的零值将不再显示。

如果想重新显示所有单元格中的零值，可以再将该复选框选中即可。

2.3.78　限定区域输入

可以将 Excel 工作表输入的数据限定在一个区域内。

操作方法：

（1）用鼠标选中要输入数据的区域，单击键盘即可在区域左上角输入数据。

（2）数据输入完毕，按 Tab 键使光标左移，到达区域右边界以后自动转入所选区域的第二行。如果需要光标向右移动，则按键盘上的 Shift+Tab 组合键就可以了。

2.3.79　快速创建垂直标题

很多表格要应用到垂直文本格式。在 Word 中用户很熟悉操作方法。但在 Excel 中一般用户的做法就是使用【自动换行】功能来设置垂直文本，但是这种方法的前提是需要单元格的宽度只能正好包容一个字符。所以，它的应用范围有限制。那么该如何快速实现这样的操作呢？

操作方法：

（1）选择需要创建垂直文本的单元格及其周围的单元格，选择的范围与标题的跨度相同。

（2）使用 Ctrl+1（数字键）打开【设置单元格格式】对话框，单击选中【对齐】选项卡。

（3）在【方向】下面的文本框中输入【-90】并选中【文本控制】选项下的【合并单元格】复选框，如图 2-152 所示。

（4）单击【确定】按钮，结束操作。

图 2-152

2.3.80　检查重复字段值

在较大的数据文件入库前，往往需要对数据文件做一些处理工作，如人员信息在数据采集阶段可按部门统计到 Excel 表中，最后集中导入大型数据库，如 Oracle 等。在这个过程中，因数据的唯一性问题导致的错误往往会使得操作人员倍感头疼：如人员信息中，

稍不注意就会将身份证号重复输入，因为在此表中身份证号一般用作主键，有重复数据就不能入库，这种错误相当隐蔽，不容易检查。为了避免出现这样的情况，Excel 提供了【删除重复值】功能。

操作方法：

（1）单击【数据】|【数据工具】|【删除重复值】命令，弹出【删除重复值】对话框。

（2）根据需要在【列】列表框中选择要检查的列，然后单击【确定】按钮完成操作，如图 2-153 所示。

图 2-153

2.3.81　快速制作嵌套表格

所谓嵌套表格，就是在一个表格单元格中再创建一个表格。如何快速创建一个嵌套表格呢？

操作方法：

（1）单击【文件】|【更多】|【选项】菜单命令。

（2）在打开的【Excel 选项】对话框中单击右侧【快速访问工具栏】，然后在【从下列位置选择命令】的下拉列表选中【不在功能区的命令】。

（3）在其下命令列表框中选中【照相机】选项，然后单击【添加】按钮，将其添加到快速访问工具栏中，如图 2-154 所示。

（4）在工作簿上选中一张工作表（Sheet1）作为底表，再选中一张工作表

图 2-154

（Sheet2），在工作表中插入需要插入的表格，并选中插入的部分，单击一下刚才创建的按钮（照相机），拍张照。

（5）选中 Sheet1 工作表，将光标移到需要插入的地方单击鼠标，这样就可以在表格中看到相同的表格了。

如果对 Sheet2 工作表中的表格进行修改，Sheet1 工作表中的插入部分也会自动进行更新。

2.3.82　每次选定同一单元格

在 Excel 中，有时为了测试某个公式，需要在某个单元格内反复输入多个测试值。但每次输入一个值后按下 Enter 键查看结果，活动单元格就会移动到下一个单元格上，必须用鼠标或上移箭头重新选定原单元格后才能继续操作，极为不便。

如果按键盘上的 Ctrl+Enter 组合键，则问题会迎刃而解，不但能查看结果，而且当前单元格仍为活动单元格。

2.3.83　将大量数值转化为负数

在使用 Excel 中有一个非常实用的技巧，就是通过使用【选择性粘贴】功能来实现将大量的数字快速转变为取负形式。

操作方法：

（1）在当前单元格中输入【−1】，如果要改变数据的大小，则可以输入相应的数。

（2）选中该单元格，然后单击【开始】|【剪贴板】|【复制】菜单命令或直接按键盘上的 Ctrl+C 组合键。

（3）右击目标单元格，在弹出菜单中单击【选择性粘贴】命令，在弹出的对话框中选中【粘贴】栏下的【数值】和【运算】栏下的【乘】复选项，如图 2−155 所示。

单击【确定】按钮，结束操作。

图 2−155

2.3.84　轻松检查数据错误

在 Excel 中有一项【文本到语音】功能。通过语音校对功能，可以轻松地检查工作表中的数据是否有错误。

操作方法：

（1）单击【文件】|【更多】|【选项】，在打开的【Excel 选项】对话框中单击【快速访问工具栏】。

（2）在【从下列位置选择命令】下拉列表中单击选中【不在功能区的命令】，然后在其下的命令列表框中有 5 个命令用来选择朗读方式，分别是：【按 Enter 开始朗读单元格】、【按列朗读单元格】、【按行朗读单元格】、【朗读单元格 − 停止朗读单元格】和【朗读单元格】（位置不连续，需要分别逐一寻找）。

（3）依次将其选中，单击【添加】按钮分别将其添加到快速访问工具栏中。

这样一来，检查错误操作就变得非常轻松了。

2.3.85　改变 Enter 键的功能

一般情况下，在单元格中输入数据以后，按下回车键后，光标的移动方向是下一行的同列单元格中。有时为了输入方便或者习惯问题，想通过按回车键后能转到右边的单元格中，该怎么办呢？

操作方法：

（1）单击【文件】|【更多】|【选项】菜单命令，在打开的【Excel 选项】对话框中单击【高级】选项卡。

（2）在对话框右侧的【编辑选项】栏中，选中【按 Enter 键后移动】复选框，系统默认情况下是选中的。

（3）在【方向】列表框中选中所改变回车键的方向，如：向下、向上、向左、向右，这里选择【向右】，如图 2-156 所示。

（4）单击【确定】按钮，结束操作。

图 2-156

2.3.86 轻松选中超链接单元格

如果在 Excel 的单元格中存放的是超链接，就不能采用直接单击的方法选中，否则会打开超级链接目标。此时可以采用以下两种方法。

方法 1：单击单元格后按住鼠标左键，直到光标变为空心十字后松开左键，就可选中这个含有超链接的单元格。

方法 2：先选中超链接单元格中超链接单元格周围的某个单元格，然后用→、←、↑、↓将光标移到含有超链接的单元格中，也可以将其选中。

2.3.87 设置小数有效性检查

为了防止在一些单元格中输入超过某个阈值的数据，可以通过对单元格中的数据类型进行限制，从而确保在输入错误数据时发出拒绝或者警告。这需要利用 Excel 的【数据验证】功能。那么如何设置小数有效性检查呢？

操作方法：

（1）选中需要进行设置的单元格或区域，然后单击【数据】|【数据工具】|【数据验证】。

（2）在打开的【数据验证】对话框中选择【设置】标签，在【允许】列表中选中【小数】选项；在【数据】列表中选中所需的数据范围，比如【介于】；在【最小值】和【最大值】栏中指定数据的上下限，比如【最小值：2】、【最大值：18】；如果允许数据单元格为空，则选中【忽略空值】复选框，如图 2-157 所示。

图 2-157

（3）单击【确定】按钮即可。

70

2.3.88　快速选中整个有数据的单元格

要选择整个工作表并不难，但如果要排除掉那些没有数据的空白单元格就显得比较困难了。那么怎样才能快速做到选择非空白的单元格呢？

操作方法：

将光标移到正在编辑的单元格，然后同时按下键盘上的 Ctrl+Shift+* 组合键即可。

如果正在编辑的单元格中只有一列或者一行数据，那么只选中该列或该行，周围的空白单元格将不会被选中。

2.3.89　快速命名单元格

Excel 工作表单元格中有自己的默认名称，如第 2 列和第 6 行单元格的名称为 B6。如果要给某个单元格命名为"工资总额"，只要将该单元格选中，然后单击编辑栏左边的【名称框】即可输入该单元格的新名称。

2.3.90　在窗口中看到更多的数据

有时，工作表中的数据很多，不能在同一个屏幕中显示所有的数据，这对浏览数据和操作数据带来一定的不便。可以通过以下几种方法来使屏幕中显示更多的数据。

操作方法：

（1）缩小显示比例。单击【视图】|【缩放】|【缩放】命令，在弹出的【缩放】对话框中选择屏幕窗口需要缩放的比例。这里选择 50%，这样就可以显示相当于原来 2 倍的数据，如图 2-158 所示。此外，

还可以在【自定义】后面的文本框中输入要缩小的比例。

（2）隐藏不必要的工具栏。单击取消【视图】|【显示】段落中的【编辑栏】可以隐藏编辑栏。

（3）隐藏滚动条。单击【文件】|【更多】|【选项】命令，在弹出的【Excel 选项】对话框中单击【高级】选项卡，在【此工作簿的显示选项】栏中取消【水平滚动条】和【垂直滚动条】复选项，如图 2-159 所示。

图 2-158

图 2-159

（4）单击【确定】按钮，结束操作。

2.3.91　快速选中特定区域

操作方法：

按 F5 键可以快速选中特定的单元格区域。比如，要选中 A2：B10 区域，最为快捷的方法为：按 F5 键，在打开的【定位】对话框的【引用】栏内输入"A2：B10"即可。

最后将光标定位到想要粘贴的文档或工作表中，然后单击【编辑】菜单中的【粘贴】命令即可。

2.3.92　将 * 替换为 ×

操作方法：

在 Excel 中编辑文档时，如果直接使用【查找替换】将"*"替换为"×"会将整个单元格的内容都替换掉，其实只要在查找中输入"*"（不包括引号），然后一个一个查找再替换，即可达到要求。

2.3.93　增加撤销次数

在需要退回到之前的某个状态时，需要撤销一些命令。但是系统默认的撤销次数是有限的，往往不能满足要求。如果要增加可撤销的次数，可以使用注册表来解决。

操作方法：

（1）运行注册表编辑器。

（2）找到如下注册表子项分支：

HKEY_CURRENT_USER\Software\Microsoft\Office\X.0\Excel\Options

（3）新建一个名为 UndoHistory 的 DWORD 项值，并设置其数据数值为 10（十进制）。

（4）关闭注册表，结束操作。

这样就可以根据需要来自由地更改需要撤销的次数了。

2.3.94　快速输入 M²

当在 Excel 中输入 M² 这样的符号时，如果在 Word 中制作好再复制过去，显得有点麻烦。有没有快速输入上标的方法呢？

操作方法：

（1）在单元格中输入 M 之后，然后按下 Alt 键的同时，在右侧的小键盘上输入 178 后松开 Alt 键。

（2）此时在 M 前面就加上了一个上标 2 了，将其剪切到 M 后面即可。

2.3.95 创建指向网页上特定位置的超链接

操作方法:

(1)用鼠标右键单击希望用来代表超链接的文本或图形,然后再单击【插入】|【超链接】菜单命令。

(2)在出现的【插入超链接】对话框左边的【链接到】选项之下,单击【现有文件或网页】,如图2-160所示,然后单击下列操作之一:

图 2-160

①若要从当前文件夹中选择网页,

请单击【当前文件夹】,再单击所要链接的网页。

②若要从浏览过的网页列表中选择网页,请单击【浏览过的网页】,再单击要链接的网页。

③若要从最近使用过的文件列表中选择网页,请单击【最近使用过的文件】,再单击要链接的网页(如果知道要链接的网页名称和位置,请在【地址】框中键入相关信息)。

④若要通过打开浏览器并搜索页来选择网页,则单击【浏览 Web】按钮,打开要链接的网页,然后不关闭浏览器切换回 Excel,单击【书签】再双击所需书签。

⑤若希望鼠标停放在超链接上时可显示提示,请单击【屏幕提示】按钮,接着在【屏幕提示文字】框中键入所需文本,然后单击【确定】按钮。

(3)单击【确定】按钮,结束操作。

2.3.96 关闭自动更正功能

自动更正功能为用户提供了极大的方便。但有时在有些特殊情况下,不需要系统提供自动更正,那么就需要屏蔽该功能。

操作方法:

(1)单击【文件】|【更多】|【选项】菜单命令。在打开的【Excel 选项】对话框中单击【校对】选项卡,然后单击【自动更正选项】按钮,如图2-161所示。

(2)在弹出的如图2-162所示的【自动更正】对话框中单击选择【自动更正】选项卡。若要关闭大写选项,则清除与大写有关的复

图 2-161

选框(2~6项);若要关闭更正印刷和拼写错误,则清除【键入时自动替换】前的复选框。

(3)若要关闭更正格式错误,则单击【键入时自动套用格式】选项卡,然后清除不需要的自动套用格式类型的复选框,比如【Internet 及网络路径替换为超链接】等其他选项,如图2-163所示。

图 2-162   图 2-163

2.3.97 自动实现输入法中英文转换

在不同行不同列之间分别输入中文和英文时，可以用 Excel 自动实现输入法在中英文间转换。

假设在 A 列输入学生的中文名，在 B 列输入学生的英文名。

操作方法：

（1）选定 B 列，单击【数据】|【数据工具】|【数据验证】。

（2）在出现的【数据验证】对话框中单击切换到【输入法模式】选项卡，在【模式】下拉菜单中选择【关闭（英文模式）】项，如图 2-164 所示。

（3）单击【确定】按钮，结束操作。

图 2-164

2.3.98 给单元格添加批注

每个单元格都可外加一个批注，而每个批注栏的大小则可任意设定。

操作方法：

（1）移动鼠标选择想要插入批注的单元格，在这里选择 A8 单元，然后选择【审阅】菜单选项卡中【批注】段落里的【新建批注】命令按钮，如图 2-165 所示。

（2）出现批注栏方框后，开始输入批注的内容，如图 2-166 所示，输入完后，移动鼠标在其他单元格上按一下鼠标左键。

图 2-165

（3）在单元格中插入批注后，单元格的右上角会出现一个红色的角点，如图 2-167所示。只要移动鼠标到该单元格上，便会显示批注的内容。

插入了批注的单元格的右上角出现红色的角点

图 2-166　　　　　　　　　　　　　　　　　图 2-167

2.3.99　编辑单元格批注

批注输入后，如果批注内容有误，可以再进行修改。

操作方法：

（1）移动鼠标单击想要修改批注内容的单元格，然后单击【审阅】菜单选项卡的【批注】段落中的【编辑批注】命令按钮，如图 2-168 所示。

（2）在单元格右侧出现批注栏方框及输入光标后，移动光标位置，开始修改批注内容，如图 2-169 所示。完成后，再到其他的单元格上按一下鼠标左键。

单击【编辑批注】命令按钮

图 2-168　　　　　　　　　　　　　　　　　图 2-169

完成后，批注的内容就会相应变化。

2.3.100　删除单元格批注

当批注不需要时，可以把它删除。

操作方法：

右击想要删除批注的单元格，从弹出的快捷菜单中选择【删除批注】命令，如图 2-170 所示。

删除批注后，该单元格右上角的红色角点便会消失。

图 2-170

2.3.101 在数值前加 0 并能计算

如果在【设置单元格格式】设置框中，将数字格式设置为文本时，可以在单元格中输入前面有 0 的数字，但这样输入的数字不能进行计算。那么怎样才能输入以 0 开头的能计算的数值呢？

操作方法：

（1）选中单元格，单击【开始】|【单元格】|【格式】|【设置单元格格式】。

（2）在出现的对话框中单击【数字】选项卡，在左边的【分类】中选择【自定义选项】在右边的【类型】中选择【0】，这时【类型】，编辑栏中出现 0。根据需要，在单元格中设置要输入的数字的位数，如为 00005=5 位，则在编辑栏输入 5 个 0。

（3）单击【确定】按钮后，在单元格中就可以输入前面有 0 并可以计算的数字了。

> **提示：** 这种方式最多只能输入 15 位有效数值。

2.3.102 添加计算器

有时需要在编辑工作表时使用计算器，这可以在 Excel 环境下添加按钮来使用它。

操作方法：

（1）单击【文件】|【更多】|【选项】命令，打开【Excel 选项】对话框。

（2）选择【快速访问工具栏】选项卡，

在【从下列位置选择命令】下拉列表中选择【不在功能区的命令】，然后在其下的命令列表框中选中【计算器】，再单击【添加】按钮将其添加到快速访问工具栏中。

（3）这时，快速访问工具栏上就会有一个计算器的按钮，以后只要单击它就可以调用计算器了。

2.3.103 合并矩形区域

Excel 允许将矩形区域内的任意单元格合并，具体操作方法是：选中要合并的单元格，单击【开始】菜单选项卡中的【对齐方式】段落中的【合并后居中】按钮，则所有选中的单元格被合并为一个，而其中的数据则被放到单元格中间。

> **提示：** Excel 只把合并区域左上角的数据放入合并后的单元格中。为此，输入标题之类的文本不能继续分布在几个单元格中，否则就会在合并过程中被裁去一部分数据。

2.3.104　Ctrl 键与数字键的妙用

在 Excel 中，Ctrl 键与数字键之间有着一些很微妙的关系，掌握这些快捷键对今后提高工作效率会有很大的帮助。

Ctrl+1：可以快速打开【设置单元格格式】对话框。

Ctrl+2、Ctrl+3、Ctrl+4：分别是将所选单元格内的数据加粗、加斜、加下划线。

Ctrl+5：可以给选定的文字加上删除线。

Ctrl+9：隐藏选定的行。

Ctrl+Shift+9：恢复显示隐藏的行。

Ctrl+0 和 Ctrl+Shift+0：隐藏和显示选中的列。

> **提示：** 这里的数字键为主键盘上的数字键。

2.3.105　利用 F4 键快速切换相对引用与绝对引用

在 Excel 中输入公式时，只要正确使用 F4 键，就能简单地对单元格的相对引用和绝对引用进行切换。

现举例说明：对于某单元格所输入的公式为：=SUM（B4：B8）。

操作方法：

（1）选中整个公式，按下 F4 键，该公式内容变为：=SUM（B4：b8），表示对横行、纵行单元格均进行绝对引用。

（2）再次按下 F4 键，公式内容又变为：=SUM（B$：B$8），表示对横行进行绝对引用，对纵行进行相对引用。

（3）第 3 次按下 F4 键，公式则变为：=SUM（$4：$8），表示对横行进行相对引用，对纵行进行绝对引用。

（4）第 4 次按下 F4 键，公式变回到初始状态：=SUM（B4：B8），即对横行、纵行的单元格均进行相对引用。

需要说明的是，F4 键的切换功能只对所选中的公式段有作用。

2.3.106　在 Excel 中尽量少用鼠标

在 Excel 中快速编辑数据时，当对单元格做改动时，经常需要用到鼠标，这使得编辑速度大大减慢。其实用户可以使用一个快捷键 F2，这样手就不用离开键盘了。

利用方向键选择要编辑的单元格，按下 F2 键，编辑单元格内容。编辑完成后，按 Enter 键确认所做改动，或者按 Esc 键取消改动。

2.3.107　使单元格中的文本强制换行

要想随心所欲控制换行，还需利用【强制换行】。

在输入文本的过程中，在换行处按下 Alt+Enter 组合键，就能强制换行。

2.4　样式应用与技巧

Excel 中有很多预先设置好的格式。平时使用的格式基本上都可以从【样式】对话框中找到。不仅如此，我们还可以把经常使用的单元格格式保存为一个样式，以方便调用。样式就是一些格式的集合，利用样式的定义，可以轻易地为数据设定格式，这是格式设定很重要的技巧。

2.4.1　使用自动套用格式快速美化表格

Excel 2019 内置了 60 种自动格式，只要轻轻松松地选择自动格式套用，就可以产生特殊的格式。

操作方法：

（1）打开"销售员年度销售情况 .xlsx"。

（2）移动鼠标到想要设定格式的区域上，如图 2–171 所示。

（3）在【开始】菜单选项卡中单击【样式】段落中的【套用表格格式】命令，从下拉菜单中选择一种格式，在这里选择【中等色】下的第七种表格样式，如图 2–172 所示。

图 2–171

图 2–172

套用格式后，表格显示如图 2–173 所示。

> **注意：** 在步骤（2）中，如果工作表的第一行是标题，并且是合并居中的，则不要选中标题，否则该行中的单元格将被套用自动套用格式而改变格式，如图 2–174 所示。此时就又需要重新设置标题的格式了。

图 2-173　　　　　　　　　　　　　图 2-174

工作表套用自动格式后，可以随时再挑选其他的表格格式套用。

2.4.2　创建样式

样式是字体、字号和缩进等格式设置特性的组合，将这一组合作为集合加以命名和存储。在 Excel 中可以创建新的样式、指定样式的格式，也可以删除选定单元格的样式或从样式列表中删除所不需要的样式。

数据编辑中，常会为单元格的数据设定字体、字号、对齐方式、边框……，若将此单元格格式定义成样式后，以后若需要此单元格的格式，就可不必再重复设定一次，只需套用样式即可。

操作方法：

（1）将想要定义为样式的单元格设定为想要的格式内容，例如：字体、字号、字体颜色、单元格底色、对齐方式……如图 2-175 所示。

图 2-175

（2）选择 A2 到 D2 之间的单元格，然后在【开始】菜单选项卡中单击【样式】段落中的【单元格样式】按钮，弹出样式窗口，如图 2-176 所示。

图 2-176

（3）可以单击选择一种样式，比如【主题单元格样式】列表下的某种样式，这里选择第 2 列第 4 行的样式，效果就会变得与图 2-175 中的一样了。

（4）也可以在图 2-40 中单击【新建单元格样式】，打开如图 2-177 所示的【样式】对话框，创建新的样式。

·在【样式名】栏中输入样式的名称，比如【新样式 1】；

·单击【格式】按钮，在打开的如图

2-178 所示的【设置单元格格式】对话框
中，为新样式设置单元格格式。设置完毕，
单击【确定】按钮返回到【样式】对话框中。

图 2-178

图 2-177

·设置完毕，单击【确定】按钮关闭
【样式】对话框。

2.4.3 应用样式

将单元格的格式定义为样式后，就可以将样式套用到其他单元格上，使其他单元格的格式变成所选择样式的内容。

操作方法：

（1）打开"销售员年度销售情况 .xlsx"。

（2）选择想要套用样式的单元格，如图 2-179
所示。

（3）在【开始】菜单选项卡中单击【样式】
段落中的【单元格样式】按钮，弹出样式窗口，
从中选择想套用的样式名称，在这里单击选择上
一节创建的【新样式 1】，也就是【自定义】下的【新样式 1】，如图 2-180 所示。

结果如图 2-181 所示。

图 2-179

图 2-180

图 2-181

2.4.4　更改样式

样式定义完成后，若发现不适合，可加以修改。

操作方法：

（1）打开"销售员年度销售情况 .xlsx"。

（2）在【开始】菜单选项卡中单击【样式】段落中的【单元格样式】按钮 ，弹出样式窗口后，在【自定义】下右击要修改的样式名称，从弹出菜单中选择【修改】命令，如图 2-182 所示。

（3）在打开的【样式】对话框中单击【格式】按钮，如图 2-183 所示。

图 2-182　　　　　　　　　　　　　图 2-183

（4）在打开的如图 2-184 所示的【设置单元格格式】对话框中，重新设置单元格格式。设置完毕，单击【确定】按钮返回到【样式】对话框中。

（5）设置完毕，单击【确定】按钮关闭【样式】对话框即可。

样式的格式内容修改后，工作表中所有套用此样式的单元格，其样式均会同时改变，如图 2-185 所示是修改样式后的效果。

图 2-184　　　　　　　　　　　　　图 2-185

第 3 章

公式和函数应用与技巧

Excel 2019 具有强大的数据运算和数据分析能力。这是因为在其应用程序中包含了丰富的函数及数组的运算公式。对于一些复杂数据的运算，用户可以通过这些包含函数和数组的公式进行解答。可以说，公式与函数是 Excel 的灵魂所在。

公式是在工作表中对数据进行分析处理的等式，它可以对工作表数值进行各种运算。公式中的信息还可以引用同一工作表中的其他单元格、同一工作簿不同工作表中的单元格，或其他工作簿的工作表中的单元格。函数是一些预定义的公式，通过使用一些称为参数的特定数值来按特定的顺序或结构执行计算。函数可用于执行简单或复杂的计算。

本章将为读者揭秘大量关于 Excel 公式与函数的应用与技巧。通过本章的学习，读者可以深入地学习到 Excel 2019 函数与公式的使用技巧，方便灵活地运用各种函数对表格进行统计运算工作。

本章导读

3.1　公式与函数的通用技巧

"公式"是在单元格中执行某些计算的方程式，如 A=B+C 就是一种简单的公式。这里定义"单元格的值"为该单元格中的数值，因此可以把 A、B、C 分别看成一个单元格的值。A=B+C 就表示这样的概念：A 单元格的值等于 B 单元格的值加 C 单元格的值。

输入公式是计算机电子表格最重要的功能，在工作表中输入基本数据后，可输入各种不同类型的公式，以产生所需要的计算结果。

3.1.1　在单元格中输入公式

公式计算的一般形式为 A3=A1+A2，表示为 A3 是 A1 和 A2 的和，用 =AVERAGE (D2: D7)，表示求 D2 到 D7 这一列单元格的平均值。

例：打开"寰宇养生堂订单 150807.xlsx"工作簿，求"2020 年订单模板"工作表中的 G7 到 G42 这一列单元格的和（注意该列中间有纯字符单元格）。

操作方法：

（1）把光标定位到 G43 单元格，如图 3–1 所示。

（2）在编辑栏中，输入 =(G7+G8+G11+G12+G13+G16+G17+G18+G19+G20+G21+G22+G23+G24+G25+G26+G27+G30+G31+G32+G33+G34+G35+G36+G37+G38+G39+G40+G41+G42)，如图 3–2 所示。在输入过程中，如果在编辑栏中输入了运算符【=】号以后，可以继续在编辑栏中输入相应的单元格名称，也可以直接用鼠标选取相应的单元格。

图 3–1

图 3–2

（2）输入完毕后，按回车键，即可在该单元格中得到各个单元格的求和结果，如图 3-3 所示。

> **注意：** 当单元格所引用的数据发生变化时，使用公式的单元格就会重新计算结果。此外，如果数据量不是很大，自动更新很方便，但是如果一个单元格数据的改变，会引起多个单元格数据的更新，Excel 的运行速度就会变慢，因此可以单击【公式】菜单选项卡，在【计算】组中单击【计算选项】按钮，在弹出的下拉菜单中选择【手动】命令即可，如图 3-4 所示。

图 3-3   图 3-4

3.1.2 使用 Excel 函数

Excel 提供了众多的函数，除了常用函数以外，还提供了很多比较专业的函数，例如，财务和金融方面的函数等。

1. 简单的求和函数

使用求和函数可以在电子表格中对任意的单元格进行求和的操作。

操作方法：

（1）选中要使用函数的单元格，然后选择【公式】菜单选项卡，单击【函数库】组中的【自动求和】按钮 $\sum$，在弹出的下拉菜单中选择【求和】命令，如图 3-5 所示。

这时单元格自动将求和的范围填上，如图 3-6 所示。

图 3-5   图 3-6

（2）如果不是求该列范围单元格的和，可以修改单元格的表示范围，也可以在按 Ctrl 键的同时，用鼠标选择需要求和的单元格，如图 3-7 所示。

（3）选择完成后，按键盘上的 Enter 键，即可对单元格进行求和，如图 3-8 所示。

| 图 3-7 | 图 3-8 |

2. 其他函数的使用

Excel 提供了大量的内置函数以供用户调用，例如求最大值函数、求平均值函数、求和函数等。

如要求一组数值中的平均数，可以使用 AVERAGE 函数。

操作方法：

（1）打开"置业顾问销控 2018.11.24.xlsx"工作簿。比如我们要查询别墅的销售单价，就选择要使用函数的单元格 E139：E146。

（2）然后选择【公式】菜单选项卡，单击【函数库】组中的【自动求和】按钮 Σ，在弹出的下拉菜单中选择【平均值】命令，如图 3-9 所示。

此时就会得到函数的计算结果也就是别墅销售价格的平均价，如图 3-10 所示。

图 3-9

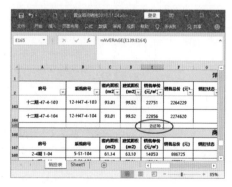

图 3-10

3.1.3 公式中常用的运算符号

公式中的运算符号负责指定公式元素的计算类型。共有算术（表3-1）、比较（表3-2）、文本（表3-3）以及引用（表3-4）等4种不同类型的计算运算符号。

其中，算术运算符用以执行基本的数学运算，例如：加、减、乘、除、百分比、次方、乘幂数字，以及产生数字结果。如表3-1所列。

表3-1　算术运算符

算术运算符号	意义	范例
+（加号）	加法	5+8
−（减号）	减法	8−6
	负	−5
*（星号）	乘	8*9
/（斜线）	除法	1/6
%（百分比符号）	百分比	50%
^（插入符号）	乘幂	3^2（相当于3*3）

比较运算符：比较两个值，产生逻辑值 TRUE（真）或 FALSE（假）。

表3-2　比较运算符

比较运算符	意义	范例
=（等号）	等于	A1=A2
>（大于符号）	大于	A1>A2
<（小于符号）	小于	A1<A2
>=（大于或等于符号）	大于或等于	A1>=A2
<=（小于或等于符号）	小于或等于	A1<=A2
<>（不等于符号）	不等于	A1<>A2

表3-3　文本运算符

文本运算符	意义	范例
&（与）	连接或连接两个值，产生一个连续的文字值	"信息"&"科学"产生"信息科学"

表3-4　引用运算符

引用运算符号	意义	范例
:（冒号）	区域运算符号，将一个引用地址扩大到两个引用地址之间的所有单元格	A1：B10
,（逗号）	联合运算符号，可以将多个引用地址结合成一个引用地址	SUM（A1：B10,D1：D10）
（一个空格）	交叉运算符号，可以将一个引用地址扩大到两个引用地址的共同单元格	SUM（A2：E10 D1：D10） 即 SUM（D2：D10）

3.1.4 引用单元格

引用的作用在于标识工作表上的单元格或单元格区域，并指明公式中所使用的数据的位置。通过引用，可以在公式中使用工作表不同部分的数据，或者在多个公式中使用同一个单元格的数值。还可以引用同一个工作簿中不同工作表上的单元格和其他工作簿中的数据。

引用单元格，就是在公式和函数中使用引用来表示单元格中的数据。使用单元格的引用，可以在公式中使用不同单元格中的数据，或在多个公式中使用同一个单元格中的数据。此时涉及单元格的坐标表示方法。

单元格的坐标是由列坐标 A、B、C、D……和行坐标 1、2、3、4…所构成，例如单元格坐标 A1、B2、C3 等，这些坐标应用于复制和移动功能时，又称为相对引用，因为公式中的坐标会随着所在位置不同而改变。

在单元格坐标前加上 "$" 符号，就变成绝对引用，例如 \$D\$2、\$A\$1、\$C\$3，这些单元格坐标在复制和移动时，坐标内容会保持不变。

下面分别对这两种引用进行说明。

接下来就以打开如图 3-11 所示的"员工基本工资表 .xlsx"为例进行讲解。

图 3-11

1. 相对引用

相对引用就是指公式中的单元格位置将随着公式单元格的位置而改变。

操作方法：

（1）在如图 3-12 所示的单元格 G3 中输入公式：=SUM（D3：F3）（等价于【=D3+E3+F3】），得到结果为 13300。

图 3-12

（2）若将 G3 中的公式复制到 G4 单元格，则 G4 单元格中显示的结果为 9100，如图 3-13 所示。此时编辑栏显示 G4 单元格中的公式为：=SUM（D4：F4）。

图 3-13

使用相对引用时，用字母表示列坐标（也称【列标】），数字表示行坐标（也称【列号】）。

2. 绝对引用

绝对引用就是指公式和函数中的单元格位置是固定不变的。如果公式中的引用是绝对引用，那么不管公式被复制到哪个单元格中，公式的结果都不会改变。绝对引用是在列字母和行数字之前都加上符号"$"，如 $B2、$C2 等。

操作方法：

（1）例如，把图 3-12 中单元格 G3 的公式改为：=SUM（$D3：$F3），如图 3-14 所示。

（2）那么得到的结果为 13300，然后将该公式复制到单元格 G4 中，则 G4 单元格中显示结果仍为 13300，而此时编辑栏中显示 G4 单元格中的公式仍为：=SUM($D3：$F3，如图 3-15 所示。

图 3-14　　　　　　　　　　图 3-15

3.1.5　快速更改引用

鉴于初学者对单元格引用的 3 种方法没有很好地理解和掌握，有时会用错引用的方式，因此需要修改。此时可以使用快捷键来快速地在这 3 种引用中进行切换。

操作方法：

（1）选择需要改变引用的单元格。比如要改变的是 D1 单元格，其包含的公式是：=AVERAGE（D2：I2）。

（2）选中工作表编辑栏中的引用 D2：I2，按 F4 即可在相对引用、绝对引用和混合引用之间切换。即在 D2：I2 | D2：I2 | D$2：I$2 | $D2：$I2 间切换。

3.1.6　自动计算功能

求和是用户对数字最常处理的方式之一，Excel 提供了自动计算的功能，包括求和、平均值、计数、最大值、最小值等自动计算公式。只要选取要求和的单元格，然后选择相应的自动计算功能，如图 3-16 所示，便会进行自动计算。单击图中的【其他函数】，可以选择更多的函数进行自动计算。

接下来以自动求和来讲解如何使用自动计算功能。

操作方法：

（1）按住鼠标左键拖动，选择想要求和的单元格，如图3-17所示。

图3-16　　　　　　　　　　　　图3-17

（2）单击【公式】菜单选项卡中的【函数库】段落中的【自动求和】命令按钮，就会显示求和结果，如图3-18所示。

（3）单击【自动求和】命令按钮右侧的向下箭头，则可以使用更多的自动计算功能，如图3-19所示。

（4）单击【其他函数】命令，打开【搜索函数】对话框，可以选择更多的函数进行自动计算，如图3-20所示。

图3-18

图3-19

图3-20

3.1.7　公式中的单元格坐标表示法

单元格的坐标是由列标A、B、C、D…和行号1、2、3、4…所构成，例如：单元格坐标A1、B2、C3等，这些坐标应用于复制和移动功能时，又被称为相对坐标，因为公式中的坐标会随着所在位置不同而改变。在单元格坐标前加上"$"符号，就变成绝对坐标，例如：$D$2、$A$1、$C$3，这些单元格坐标在复制和移动时，坐标内容会保持不变。

该如何理解相对坐标和绝对坐标的变化呢？

操作方法：

（1）打开如图 3-21 所示的"计算机配件销售记录 .xlsx"工作表。

（2）单击单元格 E3，然后输入公式：=C3-D3，如图 3-22 所示。

图 3-21　　　　　　　　　　　　　图 3-22

（3）按 Enter 键，接着再单击单元格 E3，然后单击【开始】菜单选项卡的【剪贴板】段落中的【复制】命令按钮，如图 3-23 所示。

（4）单击单元格 E4，然后单击【开始】菜单选项卡的【剪贴板】段落中的【粘贴】命令按钮，结果如图 3-24 所示。

图 3-23　　　　　　　　　　　　　图 3-24

（5）复制完成后，单元格 E4 的内容为：=C3-D3，其中【D3】坐标不变，因为复制的位置往下移动一格，所以 C3 变成了 C4；若往右移动一格，则 C3 会变成 D3。

坐标的表示共有如表 3-5 所列的变化。

表 3-5

E3	表示为相对坐标
$E3	表示列标为绝对，行号为相对
E$3	表示列标为相对，行号为绝对
E3	表示为绝对坐标

3.1.8 将公式转化为文本格式

操作方法：

（1）选中需要粘贴的有公式的单元格，单击鼠标右键，选择【设置单元格格式】命令。

（2）在打开的对话框中选择【保护】选项卡，然后在【锁定】和【隐藏】两项选框中均打【√】，最后单击【确定】按钮。

（3）单击【审阅】|【保护】|【保护工作表】命令，在打开的【保护工作表】对话框中可以不用输入密码，直接单击【确定】即可。

3.2 使用【插入函数】对话框插入函数

Excel 的函数种类很多，为了让用户输入函数更快速，可开启【插入函数】对话框，然后输入所要执行函数的说明，就会出现可以使用的函数供选择。

操作方法：

（1）单击想要插入函数的单元格，在这里选择单元格 F3，如图 3-25 所示。然后单击【公式】菜单选项卡的【函数库】段落中的【插入函数】命令按钮。

（2）打开如图 3-26 所示的【插入函数】对话框后，单击【或选择类别】右侧的下拉按钮 ⌄。

图 3-25

（3）在【或选择类别】下拉列表中选择想要执行的函数类别，在这里选择【数学与三角函数】，如图 3-27 所示。

（4）在【选择函数】列表框中单击选择【PRODUCT】，如图 3-28 所示，然后单击【确定】按钮。此时打开了【函数参数】对话框，如图 3-29 所示。

（5）按住 Ctrl 键，然后分别单击要进行乘法计算的单元格，在这里先后单击单元格 B3 和 D3，此时对话框中的参数设置如图 3-30 所示。

（6）单击【确定】按钮，结果如图 3-31 所示。

图 3-26

图 3-27

图 3-28

图 3-29

图 3-30

图 3-31

3.3 日期时间函数与逻辑函数应用

日期时间函数是用于计算有关日期与时间的函数，而逻辑函数则是用来做逻辑判断的，本节将以 MONTH、IF 两个函数来说明其使用方法。

3.3.1　日期与时间函数

与日期时间相关的函数很多，包括时、分、秒、日期和星期等，现以 MONTH（ ）函数为例，说明插入时间函数的操作方法。

语法：

MONTH（serial_number）

serial_number 为一个日期值，其中包含要查找年份的日期。

操作方法：

（1）单击想要插入函数的单元格，在这里选择单元格 D3，然后单击【公式】菜单选项卡的【函数库】段落中的【插入函数】命令按钮，如图 3-32 所示。

（2）出现【插入函数】对话框后，从【或选择类别】下拉菜单中选择日期与时间，在【选择函数】列表框中选择 MONTH，然后单击【确定】按钮，如图 3-33 所示。

图 3-32

图 3-33

（3）接下来出现【函数参数】对话框，单击表中的单元格 C3，然后单击【确定】按钮，如图 3-34 所示。日期函数得出结果，如图 3-35 所示。

图 3-34

图 3-35

下面再列举一些常用日期函数的用法。

（1）=TODAY()

取当前的系统日期。

（2）=NOW()

取当前系统日期和时间。

（3）=NOW()–TODAY()

计算当前是几点几分，也可以用 =MOD(NOW(),1) 计算。

（4）=YEAR(TODAY())

取当前日期的年份。

（5）=MONTH(TODAY())

取当前日期的月份。

（6）=DAY(TODAY())

计算当前日期是几号。

（7）=WEEKDAY(TODAY(),2)

计算今天是星期几。第二参数是 2，表示将星期一计算为1。也可以写成 =TEXT(TODAY(),"aaa")。

（8）EDATE(TODAY(),1)

计算当前日期之后一个月的日期。如果第二参数写成 –1，就是计算当前日期之前 1 个月的日期。

（9）=EOMONTH(TODAY(),1)

计算下个月最后一天的日期。如果第二参数写成0，也就是 =EOMONTH(TODAY(),0)，这样计算的是本月最后一天的日期。再用 =DAY(EOMONTH(TODAY(),0)) 就可以计算出当前这个月一共有多少天了。

（10）=EOMONTH(TODAY(),0)–TODAY()

计算今天到本月底还有多少天。绿色部分是月底的日期，红色部分是今天的日期。

（11）=IF(COUNT(–"2-29"),"是","否")

计算今年是不是闰年。在 Excel 中如果输入【月 / 日】形式的日期，会默认按当前年份处理。

如果当前年份中没有 2 月 29 日，输入 "2-29" 就会作为文本处理。

如果当前年份没有 2 月 29 日，"2-29" 前面加上负号，就相当于在文本前加负号，会返回错误值 #VALUE!。再用 COUNT 函数判断 –"2-29" 是数值还是错误值，如果是错误值，当然就不是闰年了。

（12）="12–31"–"1–1"+1

计算今年有几天。

在 Excel 中如果输入【月 / 日】形式的日期，会默认按当前年份处理。"12-31"–"1-1" 就是用当前年的 12 月 31 日减去当前年的 1 月 1 日，再加上一天，就是全年的天数了。如果将公式写成：="2020–12–31"–"2020–1–1"，公式有有效期，放到 2021 年就不能用了。

（13）=WORKDAY(TODAY(),1)

计算下个工作日是哪天。

（14）=DATEDIF("2020-2-28",TODAY(),"m")

计算自 2020 年 2 月 28 日到今天有几个月。DATEDIF 函数在各个版本的函数帮助文件中都找不到他的身影，其用法是：

=DATEDIF(开始日期 , 结束日期 , 返回什么结果)

第三参数写成 "m"，就是计算两个日期之间的整月数。

第三参数写成 "Y"，就是计算两个日期之间的整年数，这个在计算工龄的时候经常用到。

第三参数写成 "MD"，返回日期中天数的差，忽略日期中的月和年。

第三参数写成 "YM"，返回日期中月数的差，忽略日期中的日和年。

第三参数写成 "YD"，返回日期中天数的差，忽略日期中的年。

3.3.2 逻辑函数

逻辑函数 IF（），执行真假值判断，根据逻辑计算的真假值，返回不同的结果。可以使用函数 IF（）对数值和公式进行条件检测。

语法：

IF（logical_test，value_if_true，value_if_false）

logical_test 表示计算结果为 TRUE 或 FALSE 的任意值或表达式。例如，A1=1 就是一个逻辑表达式。如果单元格 A1 中的值为 1，表达式即为 TRUE，否则为 FALSE。

value_if_true 表示 logical_test 为 TRUE 时返回的值。

value_if_false 表示 logical_test 为 FALSE 时返回的值。

图 3-36

操作方法：

移动光标选择想要插入函数的单元格 G3，然后在键盘上输入：

=IF(D3>=100," 好 "," 差 ")

最后按一下 Enter 键，如图 3-36 所示。

IF 函数有 3 个参数，第一个参数是条件，当条件为真时，结果为第二个参数内容；反之，当条件为假时，结果为第三个参数内容。

换句话说，单元格 D3 大于或等于 100，结果为【好】；反之，结果为【差】。若第二和第三个参数为数值时，则不须加引号，加上引号代表文本数据。

3.4　统计函数应用

在电子表格中最常用的函数莫过于统计函数了，尤其是求和、平均、最大值、最小值、标准偏差、次数分配等。这一节将分别介绍一些常用函数的应用技巧。

3.4.1　用 AVERAGE 函数计算平均值

在日常的工作中，有时需要对学生的成绩求平均值，这时就可以使用 AVERAGE（）函数，此函数将返回参数的平均值（算术平均值）。

语法：

AVERAGE（number1，number2…）

number1，number2，…为需要计算平均值的 1~30 个参数。

操作方法：

（1）单击想要插入函数的单元格，在这里选择单元格 B7，然后单击【公式】菜单选项卡的【函数库】段落中的【自动求和】命令下拉菜单中的【平均值】命令，如图 3-37 所示。

图 3-37

（2）拖动光标选择想要计算平均值函数的单元格，如图 3-38 所示。

（3）按下键盘上的 Enter 键，结果如图 3-39 所示。

图 3-38　　　　　　　　　　　　　　　　图 3-39

> **注意：** 插入一个平均值函数后，可利用复制功能，将平均值函数复制到其他单元格上，而不必重复输入。

3.4.2　用 MAX 函数求最大值

除了可用【插入函数】按钮输入函数外，也可以直接在单元格中输入函数内容，而且此时 Excel 还会出现函数提示。

MAX 是计算最大值的函数，语法：

MAX（number1，number2，…）

number1，number2，…是要从中找出最大值的 1~30 个数字参数。

操作方法：

（1）单击想要输入函数的单元格 B8，然后从键盘上输入：=MAX（B3：B6），再按一下 Enter 键。B3：B6 代表单元格范围，如图 3-40 所示。

（2）输入 MAX 函数后，就会显示 B3：B6 之间的最大值 =3000，如图 3-41 所示。

图 3-40　　　　　　　　　　　　　　　　图 3-41

另外，MIN 函数与 MAX 恰好相反，它是用来计算最小值的函数。

3.4.3　用 STDEV 函数计算标准差

标准偏差是统计分析时主要的参考资料，它的值代表一个集合个别的差异大小，标准偏差越大，表示个别差异越大。

以公式表示标准偏差：$\sqrt{\dfrac{\sum\limits_{i=1}^{n}(x_i-\bar{x})^2}{n}}$

一个集合中每一个数减去平均数后，将所得值平方的总和除以样本个数，最后将结果开根号，即为标准偏差。

而在 Excel 函数中，STDEV 用来计算标准偏差。

操作方法：

单击想要输入函数的单元格 B9，然后输入：=STDEV(B3：B6)，并按一下 Enter 键即可，如图 3-42 所示。

图 3-42

> **注意：** 标准偏差函数经常应用于成绩的计算上，标准偏差越小，表示测验成绩的个别差异越小，班上同学的程度相近。

3.4.4　用 FREQUENCY 函数计算次数分配

FREQUENCY 是频率、频次的意思，也可以说是发生的次数或次数分配。次数分配是许多问卷调查经常用到的统计方法。

用 Excel 怎样统计出学生成绩各分数段内的人数分布呢？其实，Excel 已经为我们提供了一个进行频度分析的 FreQuency 数组函数，它能让我们用一条数组公式就轻松地统计出各分数段的人数分布。例如，我们要统计出成绩区域内 0～100 每个分数段内的人数分布。

操作方法：

（1）打开"学生成绩范围统计表 .xlsx"工作表，然后在最右侧插入一列标题为"各个范围段分布的人数"的 L 列。

（2）单击想要插入次数分配函数的单元格 L4，然后单击【公式】菜单选项卡的【函数库】段落中的【插入函数】命令按钮，如图 3-43 所示。

（2）出现【插入函数】对话框后，从【或选择类别】下拉菜单中选择【统计】，然后在【选

图 3-43

择函数】列表框中选择 FREQUENCY，最后单击【确定】按钮，如图 3-44 所示。

（3）出现【函数参数】对话框后，在 Data_array 栏（数据区）输入第一题的数据范围，在 Bins_array 栏（选项区）输入选项内容的范围（请输入绝对坐标，以便在步骤（4）复制单元格时，使选项坐标位置不变），最后单击【确定】按钮，如图 3-45 所示。

（4）接下来利用 Excel 的自动填充功能，单击选择单元格 L4，将鼠标放置在 L4 单元格右下角，当出现十字形时，按住鼠标左键不放，向下拖动鼠标到单元格 L14，松开鼠标。最后统计结果如图 3-46 所示。

图 3-44

图 3-45

图 3-46

3.5　数学与三角函数应用

数学与三角的相关函数也很多，本节将以 SIN、INT、SUMIF 来说明如何应用数学与三角函数。

3.5.1　SIN 正弦函数

SIN 函数是三角函数的一种，计算数学公式时，经常会用到此函数。SIN30° =0.5，SIN90° =1，其中角度是以经度表示，在 Excel 中则以弧度来表示，转换的方式如下：

弧度＝经度 ×PI÷180

操作方法：

（1）单击想要输入函数的单元格 B1，然后输入：=SIN(A1*PI()/180)，按 Enter 键，如图 3-47 所示。

（2）接下来利用 Excel 的自动填充功能，单击选择单元格 B1，将鼠标放置在 B1 单元格右下角，当出现十字形时，按住鼠标左键不放，向下拖动鼠标到单元格 B5，松开鼠标。最后计算结果如图 3-48 所示。

参数中的 A1 为含有经度数据的单元格，PI() 为产生 p 值的函数。

图 3-47　　　　　　　　　　　　　　　　图 3-48

3.5.2　用 INT 取整数

假如只是利用格式菜单中的单元格功能，虽然可将数值设定为整数格式，但该数值仍会保留小数部分，所以单元格中的数值若只是利用格式设定为整数，在汇总计算时，会将所有小数部分汇总而产生误差，而整数函数可以把含有小数的数值转换为整数。

操作方法：

（1）单击想要产生整数数据的单元格 B1，然后输入：=INT(A1)，如图 3-49 所示。

（2）按 Enter 键，结果如图 3-50 所示。

图 3-49　　　　　　　　　　　　　　　　图 3-50

（3）接下来利用 Excel 的自动填充功能将剩余单元格数据取整。单击选择单元格 B1，将鼠标放置在 B1 单元格右下角，当出现十字形时，按住鼠标左键不放，向下拖动鼠标到单元格 B5，松开鼠标。最后计算结果如图 3-51 所示。

INT 函数会将小数点以下的数值无条件舍去，只留下整数数值，但在很多情况下，因为单元格数字小数位数设定的关系，还要从格式菜单中选择单元格，出现单元格格式窗口后，在类别列表中设定为数值，并在小数位数栏输入 0 后单击【确定】按钮即可，如图 3-52 所示。

图 3-51　　　　　　　　　　　　　　　　图 3-52

3.5.3　用 SUMIF 计算有条件的总和

SUMIF 函数是用于计算其满足一定条件的全部参数的总量。条件可以是单一的，也可以是多个复杂的条件。

语法：SUMIFS(求和区域 , 条件区域 1, 条件 1, 条件区域 2, 条件 2)

操作方法：

（1）打开"销售业绩统计 .xlsx"工作表，单击想要插入函数的单元格 B8，然后输入：=SUMIF(B2：B7，"A",C2：C7)

如图 3-53 所示。

（2）按 Enter 键，结果如图 3-54 所示。

图 3-53　　　　　　　　　　　　　　　　图 3-54

本例中，判断条件范围是业绩得分列，判断条件是"A"，表示业绩得分的值为 A，计算结束后，符合条件的有 2 个，其总计为 1050。

3.5.4　用 SUMIFS 进行多条件求和

3.5.3 节介绍的是单条件求和，那么如果有多条件怎么求和呢？如图 3-55 所示表格（参见"各门店 7 月销量统计表 .xlsx"），第一个条件是部门，第二个条件是产品名称，必须满足这两个条件进行求和。

语法：SUMIFS(求和区域 , 条件区域 1, 条件 1, 条件区域 2, 条件 2)

公式：=SUMIFS(D：D,A：A,F3,B：B,G3)

操作方法：

（1）打开【各门店 7 月销量统计表 .xlsx 】。

（2）在 F~H 列新建如图 3-56 所示表格。

图 3-55

图 3-56

（3）单击 H3 单元格，然后输入如下公式：

=SUMIFS(D：D,A：A,F3,B：B,G3)

按 Enter 键，结果如图 3-57 所示。

（4）利用 Excel 的自动填充功能，单击 H3 单元格后，将鼠标放置在 H3 单元格右下角，当出现十字形时，单击鼠标左键，向下拖动至 H6 单元格，松开鼠标左键后，H4：H6 自动显示数据，如图 3-58 所示。

图 3-57

图 3-58

3.5.5　用 SUMIFS 进行满足条件求和

如图 3-59 所示，在这里希望计算出大于 200 的所有数值和与小于 200 的所有数值和。

公式：=SUMIF(D：D,F3)

公式中因为条件区域和求和区域是一样的，所以省略了第 3 个参数条件区域。

操作方法：

（1）打开"各门店 7 月销量统计表 .xlsx"。

（2）在 F~H 列新建如图 3-60 所示表格。

图 3-59   图 3-60

（3）单击 G3 单元格，然后输入如下公式：

=SUMIF(D：D,F3)

按 Enter 键，结果如图 3-61 所示。

（4）利用 Excel 的自动填充功能，单击 G3 单元格后，将鼠标放置在 G3 单元格右下角，当出现十字形时，单击鼠标左键，向下拖动至 G4 单元格，松开鼠标左键后，G4 自动显示数据，如图 3-62 所示。

图 3-61   图 3-62

3.6 查看与参照函数应用

利用查看与参照函数可以将单元格的资料转换成对照表中的资料，利用此特性，可以快速将成绩、业绩等数据转换成等级。

3.6.1 用 HLOOKUP 水平查表

查表函数有水平查表 HLOOKUP、垂直查表 VLOOKUP 和查表 LOOKUP 三种。在这里以 HLOOKUP 水平查表函数为例进行讲解。

操作方法：

（1）输入查询表，包括数值表和对照表，并设置相关的格式，保存为"学生成绩查询表 .xlsx"，如图 3–63 所示。

（2）单击想要插入函数的单元格 J4，然后输入公式：

=HLOOKUP(F4,B15：F16,2)

如图 3–64 所示。

图 3–63

图 3–64

（3）按 Enter 键，结果如图 3–65 所示。

（4）利用 Excel 的自动填充功能查询剩余单元格的等第。单击选择单元格 J4，将鼠标放置在 J4 单元格右下角，当出现十字形时，按住鼠标左键不放，向下拖动鼠标到单元格 J12，松开鼠标。最后的查询结果如图 3–66 所示。

图 3–65

图 3–66

HLOOKUP 有 3 个参数，第一个参数为想要查询的数据；第二个参数为查询对照表的位置范围，通常以绝对坐标表示，以便于复制公式到其他单元格；第三个参数为欲传回的数据在查询表中的第几列，【2】代表第二列。

3.6.2 用 CHOOSE 查询

CHOOSE 函数是另一种查询数据的方法，只是这种方式的查询数值固定为 1、2、3…，并不像前面的 HLOOKUP 查表函数，所查询的是某一数值范围。

操作方法：

（1）单击要插入函数的单元格 B1，然后在键盘上输入公式：=CHOOSE(A1,"金","木","水"，"火"，"土")，如图 3-67 所示。

（2）按 Enter 键，结果如图 3-68 所示。

（3）利用 Excel 的自动填充功能查询剩余单元格的等第。单击选择单元格 B1，将鼠标放置在 B1 单元格右下角，当出现十字形时，按住鼠标左键不放，向下拖动鼠标到单元格 B5，松开鼠标。最后的查询结果如图 3-69 所示。

图 3-67

图 3-68

图 3-69

CHOOSE 可以有多个参数，第一个参数是要查询的数据，当第一个参数为 1 时，结果为第二个参数，第一个参数为 3 时，则结果为第四个参数，依此类推。

3.7 数据库函数应用

在 Excel 工作表中，有一类函数称为数据库函数，也被称为 D 函数。数据库函数是用来筛选数据库的数据，并依函数特性，做想要的计算动作，共计有 12 个，但我们常用的有 7 个，包含用 DAVERAGE 计算平均值、用 DMAX 计算最大值、用 DCOUNT 计算个数等函数。接下来了解和学习这 7 个数据库函数。

3.7.1 用 DAVERAGE 计算平均值

功能：计算给定条件的列表或数据库的列中数值的平均值。

语法结构：=Daverage（数据库区域，返回值所在的相对列数（列标题的相对引用、列标题），条件区域）。

注意事项：

·参数"数据库区域"和"条件区域"必须包含有效的列标题。

·第二个参数用"列标题"作为返回依据时，其值必须包含在""（英文双引号）中，如"月薪""婚姻"等。

应用数据库函数来筛选数据，可以有多个筛选条件，DAVERAGE 是筛选数据后，计算平均数的函数。

操作方法：

（1）打开"学生成绩 1.xlsx"。

（2）选择想要插入函数的单元格，然后输入公式：

=DAVERAGE(A1：D6,C1,E1：E2)

如图 3-70 所示。

（3）按 Enter 键，结果如图 3-71 所示。

图 3-70

图 3-71

使用 DAVERAGE 函数前，必须先建立数据库及筛选条件，筛选条件的字段名称必须和数据库相同，筛选条件的第二列则输入想要的条件。

DAVERAGE 函数有 3 个参数，第一个参数是数据库所在的单元格范围；第二个参数是筛选数据后想要计算平均值的字段；第三个参数是筛选条件所在的单元格范围。

本例中，筛选条件：性别为男，符合条件的有 3 位（赵刚、柳林、齐勇），其语文成绩的平均分数为 92.66667。

3.7.2　用 DCOUNT 计算个数

DCOUNT 是用来计算筛选数据库后数据个数的函数。

操作方法：

（1）打开"学生成绩 1.xlsx"。

（2）单击要插入函数的单元格，然后输入公式：

=DCOUNT(A1：D6,C1,E1：E2)

如图 3-72 所示。

（3）按 Enter 键，结果如图 3-73 所示。

DCOUNT 函数有 3 个参数，第一个参数是数据库所在的单元格范围；第二个参数是筛选数据后想要计算个数的字段；第三个参数是筛选条件所在的单元格范围。

本例中，数据库的范围为 A1：D6，筛选条件范围为 E1：E2，筛选条件：性别为男，符合条件的有 3 位（赵刚、柳林、齐勇）。

图 3-72

图 3-73

3.7.3　用 Dsum 求和

Dsum 函数的功能是求满足给定条件的数据库中记录的字段（列）数据的和。

语法结构：=Dsum（数据库区域，返回值所在的相对列数（列标题的相对引用、列标题），条件区域）。

注意事项：

· 参数"数据库区域"和"条件区域"必须包含有效的列标题。

· 第二个参数用"列标题"作为返回依据时，其值必须包含在 " "（英文双引号）中，如"月薪""婚姻"等。

1. 单字段单条件求和

比如，根据"性别"统计"月薪"。

操作方法：

在目标单元格中输入公式：=DSUM(C2：G12," 月薪 ",I2：I3)。

（1）参数"数据库区域"和"条件区域"，即第一个参数和第三个参数，必须包含列标题，C2：G12、I2：I3，而不是 C3：G12、I3。

（2）第二个参数"返回值相对的列数（列标题的相对引用、列标题）"，除了用"月薪"外，还可以使用 G2 或 5，因为"月薪"在 G2 单元格，在 C2：G12 的数据库区域中，"月薪"处于第 5 列。在

实际的应用中，完全根据自己的爱好选择。

（3）单字段单条件求和相当于用单条件 Sumif 求和，公式为：=SUMIF(D3：D12,I3,G3：G12)。

2. 单字段多条件求和

比如，一次性统计学历为"大本""大专""中专"的员工"月薪"。

操作方法：

在目标单元格中输入公式：=DSUM(F2：G12,2,I2：I5)。

（1）第二个参数用"2"不用"5"的原因在于"数据库区域"发生了变化，现在的数据库区域为 F2：G12，而要返回的"月薪"处于当前区域的第 2 列。

（2）上述功能也可以用 Sum+Sumif 数组组合公式来实现，公式为：=SUM(SUMIF(F3：F12,{" 大本 " " 大专 " " 中专 "},G3：G12))。

3. 多字段单条件求和

比如，根据"性别"，统计相应"学历"的"月薪"。

操作方法：

在目标单元格中输入公式：=DSUM(D2：G12,G2,I2：J3)。

（1）要返回的值也可以用返回列的

列标题单元格地址表示；"条件区域"除了单列（单字段）外，也可以是多列（多字段），只需将具体的条件值和列标题包含在范围内即可。

（2）Dsum 函数的多字段单条件求和相当于多条件求和函数 Sumifs，公式为：=SUMIFS(G3：G12,D3：D12,I3,F3：F12,J3)。

4. 多字段多条件求和

比如，按年龄段统计学历为"大本""大专""中专"的"月薪"。

操作方法：

在目标单元格中输入公式：=DSUM(C2：G12,"月薪",I2：J5)。

上述功能也可以用 Sum+Sumifs 数组组合公式来实现，公式为：=SUM(SUMIFS(G3：G12,C3：C12,I3,F3：F12,{"大本""大专""中专"}))。

3.7.4 用 Dcount 求和

Dcount 函数用于从给定条件的数据库记录的字段（列）中，计算数值单元格数目。

语法结构：=Dcount（数据库区域，返回值所在的相对列数（列标题的相对引用、列标题），条件区域）。

注意事项：

· 参数"数据库区域"和"条件区域"必须包含有效的列标题。

· 第二个参数用"列标题"作为返回依据时，其值必须包含在""（英文双引号）中，如"月薪""婚姻"等。

比如，根据需求统计数值个数。

操作方法：

在目标单元格中输入公式：

=DCOUNT(D2：G12,"月薪",I2：I3)

=DCOUNT(F2：G12,2,I4：I7)

=DCOUNT(D2：G12,G2,I8：J9)

=DCOUNT(C2：G12,"月薪",I10：J12)

（1）公式 =DCOUNT(D2：G12,"月薪",I2：I3) 为单字段单条件计数，目的为根据"性别"统计人数；=DCOUNT(F2：G12,2,I4：I7) 为单字段多条件计数，目的为统计"学历"为"大本""大专""中专"的人数；=DCOUNT(D2：G12,G2,I8：J9) 为多字段单条件计数，目的为根据"性别"统计相应"学历"的人数；=DCOUNT(C2：G12,"月薪",I10：J12) 为多字段多条件计数，目的为统计相应"年龄"段学历为"大本""大专"的人数。

（2）因为 Dcount 函数的统计对象为数值，所以通过计算"月薪"的个数来达到目的，也可以使用"年龄"字段作为统计依据。

3.7.5 用 Dcounta 求和

Dcounta 函数对满足指定条件的数据库中记录字段（列）的非空单元格进行计数。

语法结构：=Dcounta（数据库区域，返回值所在的相对列数（列标题的相对引用、列标题），条件区域）。

注意事项：

· 参数"数据库区域"和"条件区域"必须包含有效的列标题。

· 第二个参数用"列标题"作为返回依据时，其值必须包含在""（英文双引号）中，如"月薪""婚姻"等。

比如，根据需求统计非空单元格的个数。

操作方法：

在目标单元格中输入公式：

=DCOUNTA(D2：F12," 性别 ",I2：I3)

=DCOUNTA(F2：F12,1,I4：I7)

=DCOUNTA(D2：F12,F2,I8：J9)

=DCOUNTA(C2：F12," 学历 ",I10：J12)

（1）公式 =DCOUNTA(D2：F12," 性别 ",I2：I3) 为单字段单条件计数，目的为根据 "性别" 统计人数；=DCOUNTA(F2：F12,1,I4：I7) 为单字段多条件计数，目的

为统计学历为 "大本" "大专" "中专" 的 人 数；=DCOUNTA(D2：F12,F2,I8：J9) 为多字段单条件计数，目的为根据 "性别" 统计相应 "学历" 的人数；=DCOUNTA(C2：F12," 学历 ",I10：J12) 为多字段多条件计数，目的为统计相应 "年龄" 段，学历为 "大本" "大专" 的人数。

（2）由于 Dcounta 函数的统计对象为文本，所以第二个参数必须为 "数据库区域" 中的文本列。

3.7.6 用 Dget 求和

Dget 函数是用来从数据库中提取符合指定条件且唯一存在的记录。

语法结构：=Dget（数据库区域，返回值所在的相对列数（列标题的相对引用、列标题），条件区域）。

注意事项：

·参数 "数据库区域" 和 "条件区域" 必须包含有效的列标题。

·第二个参数用 "列标题" 作为返回依据时，其值必须包含在 ""（英文双引号）中，如 "月薪" "成绩" "婚姻" 等。

1. 正向（单条件）查询

比如，根据 "员工姓名" 查询对应的 "月薪"。

操作方法：

在 目 标 单 元 格 中 输 入 公 式：=DGET(B2：G12," 月薪 ",I2：I3)。

Dget 函数为查询引用函数，上述功能也可以用函数 Lookup 或 Vlookup 等实现。

2. 反向查询

比如，根据 "员工姓名" 查询对应的编号（No）。

操作方法：

在目标单元格中输入公式：=DGET

(A2：B12,"No",I2：I3)。

根据需求填写对应的参数范围即可。

3. 多条件查询

比如，根据 "婚姻" 状况查询员工的 "月薪"。

操作方法：

在目标单元格中输入公式：

=DGET(B2：G12," 月薪 ",I2：J3)

4. 精准查询

比如，查询 "齐勇" 的 "月薪"。

操作方法：

在目标单元格中输入公式：

=DGET(B2：G12," 月薪 ",I2：I3)

（1）分析公式，并不存在错误，但返回错误代码 #NUM！，分析是因为查询值 "齐勇" 不唯一，存在多条符合条件的记录，为什么？这是因为 Dget 函数默认在 "查询条件" 的后面带有通配符，条件 "齐勇" 相对于 "齐勇 *"，分析数据源，员工中除了 "齐勇" 之外，还有 "齐勇 –1"，再用 Dget 函数时，这两个条件是相同的，所以返回 #NUM！。

（2）为了达到 "精准" 一对一的查询，只需在条件的前面添加等号（=）即可。

3.7.7 用 DMAX 查询最大值

DMAX 函数是返回满足给定条件的数据库中记录的字段（列）中数据的最大值。

语法结构：=Dmax（数据库区域，返回值所在的相对列数（列标题的相对引用、列标题），条件区域）。

注意事项：

· 参数"数据库区域"和"条件区域"必须包含有效的列标题。

· 第二个参数用"列标题"作为返回依据时，其值必须包含在" "（英文双引号）中，如"月薪""婚姻"等。

比如，根据需求查询最高"月薪"。

操作方法：

在目标单元格中输入公式：

=DMAX(D2：G12," 月薪 ",I2：I3)

=DMAX(F2：G12,2,I4：I7)

=DMAX(C2：G12,G2,I8：J9)

=DMAX(C2：G12," 月薪 ",I10：J12)

公式 =DMAX(D2：G12," 月薪 ",I2：I3) 为单字段单条件，目的为根据"性别"计算最高"月薪"；=DMAX(F2：G12,2,I4：I7) 为单字段多条件，目的为统计"学历"为"大本""大专""中专"中的最高"月薪"；=DMAX(C2：G12,G2,I8：J9) 为多字段单条件，目的为按照"性别"统计相应"学历"下的最高"月薪"；=DMAX(C2：G12," 月薪 ",I10：J12) 为多字段多条件，目的为统计指定"年龄"范围下相应"学历"的最高"月薪"。

3.7.8 用 Dmin 查询最小值

Dmin 函数用于返回满足给定条件的数据库中记录的字段（列）中数据的最小值。

语法结构：=Dmin（数据库区域，返回值所在的相对列数（列标题的相对引用、列标题），条件区域）。

注意事项：

· 参数"数据库区域"和"条件区域"必须包含有效的列标题。

· 第二个参数用"列标题"作为返回依据时，其值必须包含在" "（英文双引号）中，如"月薪""成绩""婚姻"等。

比如，根据需求查询最低"月薪"。

操作方法：

在目标单元格中输入公式：

=DMIN(D2：G12," 月薪 ",I2：I3)

=DMIN(F2：G12,2,I4：I7)

=DMIN(C2：G12,G2,I8：I9)

=DMIN(C2：G12," 月薪 ",I10：I12)

公式 =DMAX(D2：G12," 月薪 ",I2：I3) 为单字段单条件，目的为根据"性别"计算最低"月薪"；=DMAX(F2：G12,2,I4：I7) 为单字段多条件，目的为统计"学历"为"大本""大专""中专"中的最低"月薪"；=DMAX(C2：G12,G2,I8：J9) 为多字段单条件，目的为按照"性别"统计相应"学历"下的最低"月薪"；=DMAX(C2：G12," 月薪 ",I10：J12) 为多字段多条件，目的为统计指定"年龄"范围下相应"学历"的最低"月薪"。

3.8 财务函数应用

用财务函数可以计算贷款本息返还的金额、计算存款本利和等，只要日常生活中的财务问题，交给财务函数就没错了。

3.8.1 用 PMT 函数计算贷款本息返还

PMT 是专门用来计算银行贷款每月返还本息的函数。
操作方法：
（1）打开"汽车贷款分期偿还金额分析表.xlsx"工作表。
（2）选择想要插入函数的单元格，然后输入公式：
=PMT(A6/12,B3*12,B2)
如图 3-74 所示。
（3）按 Enter 键，结果如图 3-75 所示。

图 3-74　　　　　　　　　　　　　　　　图 3-75

PMT 函数有 3 个参数，第一个参数为每月利率，若为年利率，则需除以 12；第二个参数为返还的期数，若为 10 年，则返还期数为 10*12；第三个参数为贷款本金。
我们可以使用这个函数，计算各种贷款利率的每月返还金额。

3.8.2 用 FV 函数计算存款本利和

FV 是用来计算零存整付存款本利和的函数。
操作方法：
（1）选择想要插入函数的单元格 B6，然后输入公式：
=FV(A6/12,B3,B2)"
如图 3-76 所示。
（2）按 Enter 键，结果如图 3-77 所示。
FV 函数有 3 个参数，第一个参数为每月利率，若为年利率则需除以 12；第二个参数为存款期数；第三个参数为每月存款金额。
应用这个函数不但可以用来计算各种利率的获利能力，同时也可以和当前的利率相比较。

图 3-76　　　　　　　　　　　　　　　图 3-77

3.9　文本函数应用

　　利用文本函数可以处理有关文本数据的编辑，例如：用 LEFT 获取左边的字符等。

　　LEFT 是用来获取字符串左边文字的函数。操作方法：

　　（1）打开"学生成绩 1.xlsx"。

　　（2）单击想要插入函数的单元格，如F1，然后输入公式如：=LEFT(A1,3)，最后按Enter 键，如图 3-78 所示。

　　LEFT 函数共有两个参数，第一个参数是想要被获取左边文字的单元格；第二个参数是获取的字符个数。

图 3-78

　　本例中，被获取的字符串为【理科班成绩表】，获取的字符个数为 3，其结果为【理科班】。

3.10　公式与函数其他应用技巧

　　利用自动更正功能，可以将输入错误的公式更正；在公式中也可以直接引用其他工作表的数据，而不必重复输入一次；利用监视窗口，可以快速查看数据的变化情形，而不必来回切换工作表标签；将公式产生的结果转换成数值格式，就可以应用在其他的计算数据中。

3.10.1　自动更正

　　输入公式时，难免会产生公式错误的现象，Excel 具有自动更正公式的功能，许多常犯的错误都能自动更正，例如：括号不对称、单元格位置颠倒、运算符重复等，当然，对于使用者来说，并不须记忆哪些错误会被校正。

操作方法：

（1）打开"学生成绩 1.xlsx"。

（2）选择想要输入公式的单元格，输入：=3D-3E，然后再按一下 Enter 键，如图 3-79 所示。

（3）出现公式错误提示对话框后，单击【是】按钮，接受修改建议，如图 3-80 所示。

图 3-79

图 3-80

3.10.2 在公式中引用不同工作表的资料

同一个工作表的单元格坐标，直接以水平和垂直坐标来表示，当引用不同工作表单元格时，则必须在坐标前加上工作表名称，例如："一月 !F2"，其间以"!"隔开。

操作方法：

（1）打开"员工基本工资表 .xlsx"。

（2）选择想要输入公式的单元格，并且输入等号（=），如图 3-81 所示。再移动鼠标到窗口下方选择想要引用数据的工作表标签。

（3）出现所选工作表窗口后，选择单元格，在数据编辑栏会显示所选单元格的坐标，如图 3-82 所示。

图 3-81

（4）返回到步骤（1）所在工作表中，在键盘上输入运算符号，例如：加号（+），再移动鼠标到窗口下方选择另一个想引用数据的工作表标签，然后移动鼠标选择想要的单元格，确定后，按 Enter 键，再次返回到步骤（2）中的工作表，结果如图 3-83 所示。

前面的例子，是为了了解输入其他工作表的单元格坐标，可以利用鼠标直接选取，当然，使用键盘直接输入也可以。

图 3-82

图 3-83

3.10.3 将公式变成数值

利用电子表格公式计算处理数据后，常常希望将计算的数值应用到其他的单元格或工作表中，若只是利用复制和粘贴按钮，所粘贴的结果是公式而不是我们想要的数值，此时就必须采用选择性粘贴功能。

操作方法：

（1）打开"员工工资结算单.xlsx"。

（2）选择想要复制数值的单元格，然后单击【开始】菜单选项卡的【剪贴板】段落中的【复制】命令按钮，如图 3-84 所示。

（3）选择想要粘贴数值数据的工作表、单元格，在这里新建一个工作簿，然后单击 A1 单元格。

（4）在新工作簿中单击【开始】菜单选项卡的【剪贴板】段落中的【粘贴】命令按钮右边的向下箭头按钮，再从下拉菜单中选择【粘贴值】|【值】命令，如图 3-85 所示。

图 3-84

图 3-85

完成后，就会粘贴复制的数值，而非公式内容，如图 3-86 所示。

若直接单击选择【粘贴】按钮，会把原单元格内的全部数据（包括公式、值、格式、批注……）复制，就会导致出现如图 3-87 中 D1 到 D10 单元格中的错误结果，并且还需重新应用公式、函数，非常麻烦。

图 3-86

图 3-87

3.10.4　单元格出现错误信息的原因

单元格中经常会出现的错误消息有 ####、#NAME?、#VALUE!、#DIV/0! 等，例如：在宽度较小的单元格中输入公式，计算结果位数过大，便会出现 #### 错误消息，移动到该单元格，才会显示该单元格的数值，其实只要移动鼠标调大单元格宽度，便可恢复正常。

有关错误消息发生的原因如表 3-6 所列。

表 3-6　单元格错误信息提示及可能原因

错误信息	可能原因
#####	❶ 在单元格中输入的数值太长，单元格无法全部显示，用户可以拖移字段标题之间的边界，调整字段大小。 ❷ 单元格中的公式所产生的结果太长，单元格无法全部容纳。用户可以拖移字段标题之间的边界，增加字段宽度，或者变更单元格的数字格式。 ❸ 日期和时间必须采用正值，如果日期或时间公式产生的结果是负值，将在栏宽中显示 ####
#DIV/0!	在除数为零或空白单元格中，使用单元格参照，例如：=5/0
#N/A	❶ 在 HLOOKUP、LOOKUP、MATCH 或 VLOOKUP 工作表函数的 lookup_value 自变量中给定的值不适当。 ❷ 在未排序的表格中使用 VLOOKUP 或 HLOOKUP 工作表函数来寻找数值。 ❸ 数组公式中使用的自变量字段数与数组公式所在的范围不符
#NAME?	删除公式使用的名称、使用的名称并不存在、拼错名称、拼错函数名称，在公式中输入文字时，没有使用双引号标记围住文字、范围参照地址中缺少冒号（：）
#NUM!	❶ 在需要数字的函数中使用一个无法接受的自变量。 ❷ 使用的是会反复的工作表函数，但找不到结果。 ❸ 输入的公式所产生的数值太大或太小，Excel 无法表示
#REF!	删除了其他公式参照的单元格，或将移动的单元格贴在其他公式参照的单元格上
#VALUE!	❶ 公式要求数字或逻辑值，但用户输入的却是文字，像是 TRUE 或 FALSE。 ❷ 输入或编辑数组公式时按 Enter 键。 ❸ 输入单元格参照地址、公式或函数当作数组常数。 ❹ 运算或函数要求一个值，但却提供了一个范围

3.10.5 快速统计相同的数据

在 Excel 中，COUNTIF (range,criteria) 函数是用来统计某个区域中给定条件单元格的数目的。range 是要统计的区域，criteria 是以数字、表达式、字符串形式给出的计数单元格必须符合的条件。

下面以某公司市场营销部人员表为例，统计某一姓名出现的次数和所有姓名出现的次数。

操作方法：

（1）统计【姓名】这一列中有几个【琳子】，在 D7 单元格中输入【=COUNTIF（A3：A7，A5）】或【=COUNTIF（A3：A7，琳子）】，按 Enter 键，就可以看到统计结果。

（2）统计【姓名】列中每一姓名出现的次数。首先，在 D3 单元格中输入【=COUNTIF（A3：A7，A3）】，然后将此公式利用填充柄复制到 D4、D5、D6、D7 单元格中，修改单元格的值，结果很快就统计出来了。

3.10.6 保证录入数据的唯一性

在用 Excel 管理资料时，常常需要保证某一列中的数据不能重复，如身份证号码。

操作方法：

（1）假设要从 B2 单元格开始录入，首先选中 B2 单元格，然后选择【数据】菜单选项卡，单击【数据工具】段落中的【数据验证】按钮，打开【数据验证】对话框。

（2）在【允许】选项下拉列表中选择【自定义】，在公式中输入：'=COUNTIF（B，B，B2）=1=COUNTIF（B，B，B2）=1，如图 3-88 所示，接着单击【确定】按钮即可。

为了将这个设置复制到 B 列中的其他单元格，还需要向下拖动 B2 单元格的填充柄。以后在向 B 列中输入数据时，如果输入了重复数据就会出现提示。这样就可以保证数据输入的唯一性了。

图 3-88

这里还可以扩展一下（还是以身份证号码为例），将上面的公式改为：'=AND（COUNTIF（B，B，B2））=1，LEN（B2）=18，更改后，不仅要求录入的数据是唯一的，而且长度必须是 18，从而大大减少用户在录入中产生的错误。注意输入公式时，要在前面加一个单引号。

3.10.7 显示单元格中的公式

一般情况下，使用公式的单元格中显示的内容是经过公式计算以后得到的结果。那么如何能够在单元格中显示该单元格所使用的公式呢？

操作方法：

单击【公式】菜单选项卡中的【公式审核】段落中的【显示公式】按钮即可。

这时每个单元格中的公式就会显示出来，用户可以方便地对公式进行编辑修改操作。

如果想恢复公式计算结果，则再次单击【显示公式】按钮🔝即可。

3.10.8 对连续区域批量求和

在 Excel 中，对数字求和是经常遇到的操作，除传统的输入求和公式并复制外，对于连续区域求和可以采用批量求和。

假设求和的连续区域为 m×n 的矩阵形，并且此区域的右边一列和下面一行为空白。

操作方法：

（1）用鼠标将此区域选中并包含其右边一列或下面一行，也可以两者同时都选中。

图 3-89

（2）然后单击【公式】菜单选项卡的【函数库】段落中的【自动求和】命令按钮 Σ，在弹出菜单中选择【求和】命令，如图 3-89 所示。

（3）则在选中区域的右边一列或下面一行自动生成了求和公式，并且系统能自动识别选中区域中非数值型单元格，求和公式不会产生错误。

3.10.9 复制计算后的结果

Excel 单元格计算是最常用的功能之一，有时需要将其结果再编辑，比如将分类汇总的结果复制到其他文件或单元格中。如果直接用【复制】｜【粘贴】命令并不能得到运算的结果。

操作方法：

（1）选定要复制的对象，单击【开始】菜单选项卡的【剪贴板】段落中的【复制】命令。

（2）鼠标右击目标单元格，在出现的菜单中单击【选择性粘贴】命令，如图 3-90 所示。

（3）在弹出对话框中选择【粘贴】选项列表中的【数值】选项，然后单击【确定】按钮即可，如图 3-91 所示。

图 3-90

图 3-91

第 4 章

图表和图形应用与技巧

本章导读

　　一张纯数据的工作表让人感觉很直白，不生动。Excel 2019 提供的多媒体电子表格可以很好地解决这个问题，通过在工作表的适当位置绘制图形，插入形状、图标、SmartArt 图形、3D 模型和屏幕截图等，能够充分地美化工作表。通过对电子表格的设置，能够美化工作表，而且既不失工作表的数字性，又会使工作表具有独特性。借助图表，可以帮助用户更好地进行数据分析。

　　本章为读者揭秘 Excel 图表和图形的各种应用与技巧。

4.1 插入形状

形状是一组现成的图案，包括如矩形和圆形这样的基本形状，以及各种线条和连接符、箭头总汇、流程图符号、星与旗帜和标注等。使用【格式】菜单选项卡还可以更改和增强这些对象的颜色、图案、边框和其他效果。

绘制好自选图形以后，用户可以任意改变自选图形的形状，也可以重新调整图形的大小，也可以对其进行旋转、翻转或添加颜色等，还可与其他图形组合为更复杂的图形。

4.1.1 绘制形状

使用 Word 时，经常需要用户自己绘制各种图形。通过【插入】菜单选项卡下的【形状】工具按钮绘制所需的图形，如线条、连接符、基本形状、流程图元素、星与旗帜、标注等。

图 4-1

操作方法：

（1）选择【插入】菜单选项卡，单击【插图】段落中的【形状】按钮，显示【形状】面板，如图 4-1 所示。

（2）选择需要的集合，当光标变成十形状时，按下鼠标拖动，到达适当位置后松开鼠标，就可以绘制出相应的图形。下面是一些基本的绘图技巧：

· 按住 Alt 键移动或拖动对象时，可以精确地调整大小或位置。

· 按住 Shift 键移动对象时，对象按垂直或水平方向移动。

· 按住 Ctrl 键拖动对象时，对象在两个方向上对称地放大或缩小。

· 同时按住 Ctrl 键和 Shift 键移动对象，可以在垂直或水平方向复制对象。

· 同时按住 Alt 键和 Shift 键移动对象，可以在垂直或水平方向精确调整大小或位置。

· 如果用户用鼠标双击某个自选图形工具按钮，就可以多次使用该工具，而不用每次使用它时都要单击这个工具按钮。

绘制完成一个图形后，该图形呈选定状态，其四周出现几个小圆点，称为顶点，在图形的内部出现一个黄色的小棱形，称为控制点，当鼠标移动到这个控制点上时，光标就会变成▷形状，拖动鼠标可以改变自选图形的形状，如图 4-2 所示。

图 4-2

4.1.2　为形状添加文字

在 Excel 中，可以为插入的图形对象添加文字，这些文字附加在对象之上并可与图形一起移动。如果绘制的是标注图形，在绘制完毕后，会自动显示一个文本框让用户输入文字。

操作方法：

（1）用鼠标右键单击要添加文字的图形对象。

（2）在弹出的快捷菜单中，选择【编辑文字】命令，如图 4-3 所示。此时，所选的自选图形就会显示一个输入文字的文本框。

（3）在文本框中输入需要的文字，如图 4-4 所示，并像在正文中一样，可对字体、字号等进行设置。

图 4-3

图 4-4

4.1.3　组合图形对象

组合图形对象是指将绘制的多个图形对象组合在一起，以便把它们作为一个新的整体对象来移动或更改。

操作方法：

（1）按住 Shift 键，用鼠标逐个单击选择要组合的图形对象，此时，被选定的每个图形对象周围都出现句柄，表明它们是独立的，如图 4-5 所示。

（2）单击【格式】菜单选项卡中的【排列】段落中的【组合】按钮 ，然后在弹出面板中单击【组合】命令，选中的图形对象就被组合在一起成为一个整体，如图 4-6 所示。

 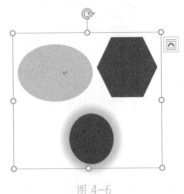

图 4-5   图 4-6

> **提示：** 将多个图形对象组合之后，再次选定组合后的对象，就会发现它们只有一个句柄了。如果想要取消它们的组合，则需要选择【排列】段落中的【组合】按钮弹出面板中的【取消组合】命令。

4.1.4 对齐和排列图形对象

如果通过使用鼠标来移动图形对象，很难使多个图形对象排列整齐。Excel 在【格式】菜单选项卡的【排列】段落中提供了快速对齐图形对象的命令。

操作方法：

（1）选择要排列的图形对象，单击【格式】菜单选项卡的【排列】段落中的【对齐】按钮 ，在弹出的菜单中选择对齐方式，如图 4-7 所示。

（2）在这里选择【底端对齐】命令。图 4-8 左边为对齐前的效果，右边为底端对齐的效果。

图 4-7   图 4-8

4.1.5　叠放图形对象

插入文档中的图形对象可以把它们像纸一样叠放在一起。对象叠放时，可以看到叠放的顺序，即上面的对象部分地遮盖了下面的对象。如果遮盖了叠放中的某个对象，可以按 Tab 键向前循环或者按 Shift+Tab 键向后循环直至选定该对象。

在 Excel 中，可以使用【格式】菜单选项卡中的【排列】段落的【上移一层】按钮或【下移一层】按钮，来安排图形对象的层叠次序。

操作方法：

（1）选定要重新安排层叠次序的图形，如果该图形对象被完全遮盖在其他图形的下方，可按 Tab 键循环选定。

（2）单击【格式】菜单选项卡中的【排列】段落的【上移一层】按钮或【下移

一层】按钮，从弹出菜单中选择所需要的命令。分别有【上移一层】【下移一层】【浮于文字上方】【衬于文字下方】【置于顶层】【置于底层】等，在这里选择【置于底层】命令。图 4-9 中的左图为原图，右图为将原图中的最上面的图形置于底层后的效果。

图 4-9

4.1.6　插入图标集

Excel 中有一个图标集（区别于【图标】），可以把它添加到单元格中，形象地表示状态等。
操作方法：

（1）打开"小程序开发进度表 .xlsx"，如图 4-10 所示。

（2）在 H3 单元格中输入下面的公式：

=N(COUNTBLANK(B3：G3)=0)

COUNTBLANK 是一个统计函数，意思是统计 B3：G3 空白单元格，没有空白的就返回 TRUE，否则返回 FALSE。外面的 N，如果是 N(TRUE)，结果就是 1；如果是 N(FALSE)，结果就是 0，如图 4-11 所示。

图 4-10

图 4-11

（3）接下来利用 Excel 的自动填充功能统计剩余单元格的完成情况。单击选择单元格 B1，将鼠标放置在 H3 单元格右下角，当出现十字形时，按住鼠标左键不放，向下拖动鼠标到单元格 H8，松开鼠标。最后的查询结果如图 4-12 所示。

（4）这样就将各项的完成情况以 1 和 0 的形式表示出来了。选中这些单元格，右击，从弹出菜单中选择【设置单元格格式】，如图 4-13 所示。

图 4-12   图 4-13

（5）在打开的【设置单元格格式】对话框中切换到【数字】选项卡，单击【分类】下的【自定义】选项，然后在【类型】栏中输入【已完成;;进行中】，之间有两个英文状态下的分号。如图 4-14 所示，然后单击【确定】按钮。

其中，自定义数字格式的常用代码格式为：【大于零】【小于零】【等于零】，所以相应地将状态为 1 的转为了【已完成】，状态为 0 的转为了【进行中】，如图 4-15所示。

图 4-14   图 4-15

（6）接下来为 H 列中的单元格添加图标集。

·单击【插入】菜单选项卡的【样式】段落中的【条件格式】|【图标集】|【其他规则】命令，如图 4-16 所示。

·在打开的【新建格式规则】对话框中可以看到，【图标样式】选择【三个符号(有圆圈)】。将【类型】全部设置为【数字】；对于【值】，上面设为 1，下面设为 0，然后单击【确定】按钮，如图 4-17 所示。

·最终的完成效果如图 4-18 所示。

图 4-16

图 4-17

图 4-18

4.1.7 改变图形的颜色、轮廓颜色和三维效果

可以对插入的形状或图标进行颜色、轮廓、三维效果等设置操作。

选定好图形后，可以设置图形的颜色、轮廓颜色和三维效果。

操作方法：

（1）单击【格式】菜单选项卡的【形状样式】面板右上角的【形状填充】按钮，则弹出一个填充颜色面板，可以从中选择一种图形的填充色，如图 4-19 所示。

（2）单击【格式】菜单选项卡的【形状样式】面板右上角的【形状轮廓】按钮，则弹出一个填充颜色面板，可以从中选择一种图形轮廓的填充色，如图 4-20 所示。

（3）单击【格式】菜单选项卡的【形状样式】面板右上角的【形状效果】按钮，则弹出一个效果面板，可以从中选择一种效果对图形进行填充，如图 4-21 所示。图 4-22 为几种效果应用的图示。

图 4-19　　　　　　　图 4-20　　　　　　　图 4-21

原图　　　　半映像：接触　　　　阴影偏移：下　　　　十字形棱台　　　　三维离轴

图 4-22

4.2　在工作表中插入图片

可以在 Excel 表格中插入联机图片或本地图片。联机图片是经过事先的分类，存放在网络服务器中，挑选对应的类别后就可以很快地找到想要的图片。

4.2.1　插入联机图片

在计算机联网的情况下，可以随时随地在 Excel 中插入联机图片。接下来介绍如何插入联机图片。

操作方法：

（1）启动 Excel，单击选择要插入图片的单元格，然后单击【插入】|【插图】|【联机图片】命令，如图 4-23 所示。

（2）此时打开了【联机图片】页面，如图 4-24 所示。该页面包括【飞机】【动物】【苹果】等 58 个分类。

（3）拖动右侧的上下滚动条，找寻自己想要的分类，这里选择【汽车】，单击进入【汽车】子页面，如图 4-25 所示。

（4）拖动右侧上下滚动条，寻找想要插入的图片。找到后，将光标移动到该图片上，然后单击【插入】按钮，如图 4-26 所示。

图 4-23

图 4-24

图 4-25

图 4-26

（5）这样就将图片插入了单元格中，如图4-27所示。可以对插入的联机图片进行大小调整，位置拖动，也可以按照4.1.7节所介绍的方法进行设置。

4.2.2 插入本地计算机中的图片

操作方法：

（1）选择【插入】菜单选项卡，在【插图】段落单击【图片】按钮，在打开的【插入图片来自于】对话框中选择【此设备】，打开【插入图片】对话框，如图4-28所示。

图 4-27

图 4-28

（2）选定要打开的文件，然后单击【插入】按钮，即可把图片插入 Excel 工作表中。只要"抓"住这个图片，再按住鼠标左键拖动，就可以移动它的位置。

4.3　使用艺术字美化图表

艺术字是具有特殊效果的文字。艺术字不是普通的文字，而是图形对象，可以像处理其他图形那样对其处理。一般工作表或图表中的文字只能设定字体、样式和字号。艺术字可以为单调的文字变化各种样式，设定阴影、旋转角度，也可以把文字变得五彩缤纷、漂亮非凡。

操作方法：

（1）单击要插入艺术字的位置，移动鼠标到【插入】菜单选项卡，单击【文本】|【艺术字】命令按钮，打开艺术字窗口，如图 4-29 所示。

（2）在艺术字库窗口中单击选择一种样式，比如选择第三种样式，出现编辑艺术字文本框，如图 4-30 所示。

图 4-29

图 4-30

（3）单击艺术字文本框，然后使用 Ctrl+A 快捷键将其全部选中，如图 4-31 所示。

（4）首先输入文字内容，如"比赛得分"，如图 4-32 所示。

（5）然后单击输入的文字，使用 Ctrl+A 快捷键将其全部选中，就可以使用【开始】菜单选项卡的【字体】段落中的命令，设置艺术字的字体、字号、颜色等格式，如图 4-33 所示。

图 4-31

图 4-32

图 4-33

（6）右击处于选中状态的艺术字，从弹出的菜单中选择【设置形状格式】命令，如图4-34所示。

（7）在右侧打开的【设置形状格式】窗格中，可以为艺术字添加阴影、三维格式、三维旋转等效果，如图4-35所示。

（8）还可以将光标放置于艺术字边缘上，当光标变成 形状时，再按住鼠标左键就可以拖动改变其位置，如图4-36所示。

在图表或工作表中产生的艺术字和自选图形一样，也可以设定它的大小、阴影、三维效果和自由旋转。

图4-34

图4-35

图4-36

4.4　SmartArt 图形应用

图示是用来说明各种概念性的材料，并使工作表显得更加生动，图示并非基于数字。

电子表格文件中还有一些常用的结构性图表，Excel把它们全部收集在图示中，包括组织结构图、循环图、射线图、棱锥图、维恩图和目标图等6种，每一种图表都各有其使用时机。

4.4.1　插入 SmartArt 图形

SmartArt 图形和形状图案差不多，只不过它是一种结构化的图案而已，因此它们插入工作表的方法也十分类似。

操作方法：

（1）单击要插入 SmartArt 图形的位置，然后单击【插入】|【插图】|【SmartArt】命令按钮 ，如图4-37所示。

此时打开了如图 4-38 所示的【选择 SmartArt 图形】对话框。

图 4-37 　　　　　　　　　　　　　　图 4-38

（2）在"选择 SmartArt 图形"对话框中，从左侧列表中选择图形类型，例如："层次结构"分类中的"组织结构图"，如图 4-39 所示。

（3）选好图形类型后，单击"确定"按钮，工作表中就会产生一个缺省的 SmartArt 图形，如图 4-40 所示。

（4）将光标放置于 SmartArt 图形的边缘上，当光标变成 形状时，再按住鼠标左键就可以拖动改变其位置，如图 4-41 所示。

图 4-39

（5）将光标放置于 SmartArt 图形的任意一个角点上，当光标变为 形状时，按住鼠标左键向内或向外拖动光标可以缩小或放大图表，如图 4-42 所示。

图 4-40 　　　　　　　　图 4-41 　　　　　　　　图 4-42

插入 SmartArt 图形后，菜单栏自动出现【设计】菜单选项卡并自动跳转到该选项卡下，如图 4-43 所示。

图 4-43

4.4.2　在图形中新增图案

插入组织结构图后，缺省只有 5 个图案方块，可以根据实际需要加入图案。

操作方法：

（1）移动鼠标选择要插入新图案的位置，如图 4-44 所示。

（2）单击【设计】菜单选项卡的【创建图形】段落中的【添加图形】命令按钮 □ 右侧的向下箭头，在弹出菜单中选择新增图案与所选图案的位置关系，如图 4-45 所示。

（3）在这里选择【在后面添加形状】命令。添加图案后，图表会自动重画，以安排新加入的图案，如图 4-46 所示。

图 4-44

图 4-45

图 4-46

4.4.3　输入图案内的文字

SmartArt 图形中的每一个图案都要有说明文字，这些需要用户自行输入。

在图案内输入文字的操作方法有如下两种。

方法 1：

（1）单击想要输入文字的图案，输入文字内容，如图 4-47 所示。

（2）继续单击其他想要输入文字的图案，输入文字，直到完成全部图案的文字输入，结果如图 4-48 所示。

（3）完成文字的输入后，可以单击选择图案，切换到【开始】菜单选项卡中，使用【字体】段落中的命令，设置文字的字体、字号、颜色等格式，如图 4-49 所示。

（4）增大或缩小字号后，可以单击图案，将光标放置在图案的控制点上，拖动光标增大或缩小文本框以适应所对应的文字，如图 4-50 所示。

图 4-47

图 4-48

图 4-49

图 4-50

将其保存为"组织结构图 .xlsx"。

方法 2：

（1）单击 SmartArt 图形左侧的按钮，打开如图 4-51 所示的【在此键入文字】窗口。

（2）依次单击各个选项，输入文字即可，如图 4-52 所示。

图 4-51

图 4-52

（3）单击【在此键入文字】窗口右上角的【关闭】按钮 ✖，关闭该窗口。结果如图4-53所示。

图 4-53

4.4.4 设定 SmartArt 图形样式

SmartArt 图形虽然只能画出固定图案，但是还可以设定它的显示样式，看起来很炫哦！

操作方法：

（1）单击组织结构图的空白处，然后切换到【设计】菜单选项卡，单击【SmartArt 样式】段落【快速样式】右下侧的【其他】按钮 ▾，如图4-54所示。

图 4-54

（2）此时打开【文档的最佳匹配对象】窗口，如图4-55所示。

（3）单击选择一种样式为组织结构图套用格式，比如【三维】列表框中的【砖块场景】样式，如图4-56所示。

图 4-55

图 4-56

组织结构图可选的样式是最多的，其他类型的图表由于受到表现方式的限制，可用的样式较少。更改样式后的组织结构图效果如图4-57所示。

（4）如果对系统提供的样式都不满意，则可以右击组织结构图的任意空白位置，在弹出菜单中选择【设置对象格式】命令，然后在右侧打开的【设置形状格式】任务窗格中，自行设定图案的样式，如图 4-58 所示。具体方法参见 4.1.7 节的内容。

图 4-57　　　　　　　　　　　　　图 4-58

4.5　图表应用与技巧

首先认识一下图表的分类。

Excel 中的图表按照插入的位置分类，可以分为内嵌图表和工作表图表。内嵌图表一般与其数据源一起；而工作表图表就是与数据源分离，占据整个工作表的图表。

按照表示数据的图形来区分，图表分为柱形图、饼图、曲线图等多种类型，同一数据源可以使用不同图表类型创建图表，它们的数据是相同的，只是形式不同而已。

三维立体图表与其他图表都使用相同的数据源，只在选择图表类型时不一样。

创建图表的方法有多种，下面将介绍其中常用的两种方法。

首先打开"成绩统计表.xlsx"。

4.5.1　快速创建图表

如果不想对图表做任何特殊的设置，也就是使用默认的设置，那么不使用图表向导生成图表，而使用快捷键和工具栏可以快速创建图表。

1. 使用快捷键创建图表

操作方法：

（1）作为图表数据源的单元格范围，在这里选中所有的单元格，按键盘上的 F11 键，就会在工作簿中插入一个新的工作表"Chart1"，在整个工作表中插入默认类型的图表，如图 4-59 所示。

（2）将【图表标题】更改为"学校成绩统计表"，并将标题颜色更改为【橙色】，如图 4-60 所示。

图 4-59　　　　　　　　　　　　　　图 4-60

提示： 在使用快捷键创建图表时，会自动使用默认的图表类型来创建图表，那么如何更改默认的图表类型呢？方法是，在激活一个图表后，使用鼠标右键单击图表，在弹出的菜单中选择【更改图表类型】命令，打开【图表类型】对话框。在【所有图表】选项卡左侧列表框中选择图表类型，比如选择【柱形图】；在右侧顶端单击柱状图的类型图标选择柱状图类型，然后单击【确定】按钮即可。此后，每次新建一个图表，无论是什么形状的图表，其格式都以所设置的图表的颜色和填充色为准。

2. 使用【插入】菜单选项卡的【图标】段落中的工具按钮创建图表

使用【插入】菜单选项卡的【图标】段落中的相应工具按钮可以选择图表类型。

操作方法：

（1）选中要作为图表数据源的单元格范围，在这里选择表中的所有单元格。

（2）单击【插入】菜单选项卡中的【图表】段落中的相应图表类型按钮，比如单击【柱形图或条形图】按钮，在打开的面板中单击选择【三维条形图】分组下的【三维堆积条形图】图标选项，如图 4-61 所示。

（3）此时就会在当前工作表中插入一个内嵌图表，插入的内嵌图表需要重新设置【图表标题】，在这里将其设置为"学校成绩统计表"，颜色设置为【橙色】，如图 4-62 所示。可以移动图表位置，也可以单击图表、拖动图表四周的控制点缩放图标。

图 4-61　　　　　　　　　　　　　　图 4-62

4.5.2 利用【插入图表】对话框插入图表

操作方法：

（1）使用【插入图表】对话框插入图表之前，先要选择作为图表数据源的单元格范围。在工作表中，可以用鼠标选取连续范围，也可以配合键盘上 Ctrl 键，选取不连续的范围。在这里选择"成绩统计表"中的所有单元格。

（2）选择单元格范围作为数据源后，选择【插入】菜单选项卡，然后单击【图表】段落右下角的【功能扩展】按钮，打开【插入图表】对话框，如图 4-63 所示。

（3）在【所有图表】选项卡左侧，单击选择一种图表类型，比如选择【饼图】；在右侧顶端的图表类型中单击选择一种图表子类型，在这里选择【三维饼图】图标，如图 4-64 所示。

图 4-63　　　　　　　　　　　　　　　图 4-64

（4）单击【确定】按钮，即可插入一张图表。如图 4-65 所示。

（5）此时我们会发现，统计图表中的数据是不完整的。那么重新选择"成绩记录表"中所有单元格，打开【插入图表】对话框，在【推荐的图表】选项卡的列表中选择【折线图】或【排列图】，在这里单击选择【折线图】，然后单击【确定】按钮，重新插入内嵌图表，并设置其标题为"学校成绩统计表"、颜色设置为【橙色】，如图 4-66 所示。

图 4-65　　　　　　　　　　　　　　　图 4-66

4.5.3　选中图表的某个部分

在介绍如何修改图表的组成部分之前，先介绍一下如何正确地选中要修改的部分。前面已经介绍过，只要单击就可以选中图表中的各部分，但是有些部分很难准确地选中。

操作方法：

（1）单击激活图表，在图表右侧会出现 3 个工具按钮，从上到下分别是【图表元素】、【图表样式】和【图表筛选器】，如图 4-67 所示。

（2）单击【图表筛选器】工具按钮，打开如图 4-68 所示浮动面板。

图 4-67

图 4-68

（2）单击右下角的【选择数据】超链接，打开【选择数据源】对话框，在【图例项（系列）】列表框中，可以看到该图表中的各个组成部分，从中选择图表需要的部分即可。在这里选择列表框中的前四项和后两项：序号、学号、姓名、语文、总分、名次，如图 4-69 所示。

图 4-69

（3）单击【确定】按钮，筛选后的图表就变成了如图 4-70 所示的效果。

图 4-70

4.5.4 改变图表类型

由于图表类型不同，坐标轴、网格线等设置不尽相同，所以在转换图表类型时，有些设置会丢失。改变图表类型的快捷方法是，单击【设计】菜单选项卡中的【类型】段落中的【更改图表类型】按钮，在弹出的【更改图表类型】对话框中选择所需图表类型即可。

图 4-71

也可以使用下面的方法改变图表类型：

使用鼠标右键单击图表空白处，然后在弹出菜单中选择【更改图表类型】命令，打开【图表类型】对话框进行设置。如图 4-71 所示为更改图表三维类型后的一个效果图。

> **提示：** 在图表上的任意位置单击，都可以激活图表。要想改变图表大小，在图表绘图区的边框上单击鼠标左键，就会显示出控制点，将鼠标指针移到控制点附近，鼠标光标变成 形状，这时按下鼠标左键并拖动就可以改变图表的大小。在拖动过程中有虚线指示，此时释放鼠标左键改变图表的轮廓。要移动图表的位置，只需在图表范围内，在任意空白位置按下鼠标左键并拖动，就可以移动图表。

4.5.5 移动或者删除图表的组成元素

图表生成后，可以对其进行编辑，如制作图表标题、向图表中添加文本、设置图表选项、删除数据、移动和复制图表等。

图 4-72

移动或者删除图表中的元素，与移动或改变图表大小的方法相似，用鼠标左键单击要移动的元素，该元素就会出现控制点，拖动控制点就可以改变大小或者移动，如图 4-72 所示。

按下键盘上的【Del】键就可以删除选中的元素，删除其中一组元素后，图表将显示余下的元素。

4.5.6 在图表中添加自选图形或文本

用户可向图表中添加自选图形，再在自选图形中添加文本（但线条、连接符和任意多边形除外)，以使图表更加具有效果性。

操作方法：

（1）选择【插入】菜单选项卡，单击【插图】段落中的【形状】按钮 ，在打开的形状浮动面板中选择相应的工具按钮，如图 4-73 所示。

（2）再为图表添加各种文字后，使该图表更有说明效果，如图 4-74 所示。然后调整插入形状的大小和位置，并设置文字的格式。

图 4-73

图 4-74

> **提示：** 这里只是举例说明添加自选图形或文本的方法，其实图表的标题是可以在设置图表选项时添加的。

4.5.7 应用内置的图表样式

用户创建好图表后，为了使图表更加美观，可以设置图表的样式。通常情况下，最方便快速的方法就是应用 Excel 提供的内置样式。

操作方法：

（1）图 4-75 为 4.5.1 节中使用快捷键创建好的图表，我们可以更改一下图表的样式。

（2）使用鼠标左键单击图表空白处选中整个图表，然后选择【设计】菜单选项卡，在【图表样式】段落中单击【其他命令】按钮 ，如图 4-76 所示。

图 4-75

图 4-76

（3）在展开的【图表样式】面板中，单击选择一种样式进行应用即可，如图 4-77 所示。

图 4-77

（4）选择【样式 5】，图表变成了如图 4-78 所示的效果。

图 4-78

4.5.8 修改图表绘图区域

图表绘图区的背景色默认情况下是白色的，如果用户对这种颜色不满意，可以通过拖动设置来修改绘图区的背景色。用户可以为绘图区的背景添加上纯色、渐变填充、图片填充和图案填充等背景。

图 4-79 为 4.5.1 节中使用快捷键创建好的图表，接下来讲解一下如何修改图表绘图区域的方法。

操作方法：

使用鼠标右键单击图表空白处，在弹

图 4-79

出菜单中选择【设置图表区域格式】命令，打开【设置图表区格式】任务窗格，该窗格的【图表】标签下有【填充与线条】、【效果】和【大小与属性】3个选项图标按钮，如图4-80所示。

图4-80

1. 设置图表绘图区填充

在【填充与线条】选项卡中，可以设置绘图区的填充与边框。

操作方法：

（1）在【边框】选项组中，可以设置框线的样式、颜色、宽度、透明度等，如图4-81所示。

（2）在【填充】选项组，可以设置绘图区域为【纯色填充】【渐变填充】【图片或纹理填充】【图案填充】等，还可以指定填充的颜色，如图4-82所示。

图4-81　　　　图4-82

·纯色填充。选中【纯色填充】单选按钮，然后单击【填充颜色】按钮，在打开的颜色面板中为填充指定一种颜色，如图4-83所示。图4-84为橙色填充的图表效果。

图4-83

图4-84

·渐变填充。选中【渐变填充】单选按钮，【填充】分组如图4-85所示，此时可以设置渐变填充的各种参数。图4-86为其中的一种效果。

图 4-85

图 4-86

单击选中每一个渐变光圈点，为其设置不同的渐变色，如图 4-87 所示。

图 4-87

·图片或纹理填充。选中【图片或纹理填充】单选按钮，【填充】分组如图 4-88 所示。在【图片源】项下单击选择【插入】或【剪贴板】按钮，可以为绘图区域设置图片填充；在【纹理】项右侧单击【纹理】 ，可以为绘图区设置纹理填充。图 4-89 为纹理填充的一种图表效果。

图 4-88

图 4-89

·图案填充。选中【图案填充】单选按钮，【填充】分组如图 4-90 所示。

2. 设置绘图区效果

在【效果】选项卡中,可以为绘图区指定阴影、发光、柔化边缘、三维格式等效果,如图4-91所示。

图4-92为指定的三维效果图。

3. 设置图表绘图区的大小与属性

在【大小与属性】选项卡中,可以设置图表绘图区的大小和属性参数,如图4-93所示。

图 4-90

图 4-91

图 4-92

图 4-93

4. 设置图表区中的文本填充和轮廓

操作方法:

单击【设置图表区格式】任务窗格中的【文本选项】,切换到【文本选项】标签中,如图4-94所示。

（1）在【文本填充】项下可以选择设置【无填充】、【纯色填充】、【渐变填充】和【图案填充】，具体操作方法与前面设置图表绘图区填充的方法类似；在【文本】轮廓项下可以选择设置【无线条】轮廓、【实线】轮廓或【渐变线】轮廓。

图 4-94

（2）切换到【文本效果】选项卡中，可以为图表中的文本设置阴影、映像、发光、柔化边缘、三维格式、三维旋转效果，如图 4-95 所示。图 4-96 为其中的一种文本效果。

图 4-95

图 4-96

（3）切换到【文本框】选项卡中，可以为图表中选定的文本框中的文本设置垂直对齐方式、文字方向、自定义旋转角度等属性，如图 4-97 所示。注意这里的操作只能针对图表中某一个文本框进行，且单独选择图表中的文本框才能有效。比如选中【垂直（值）】轴文本框，然后设置【文字方向】为【竖排】，图表效果如图 4-98 所示。

图 4-97

图 4-98

4.5.9　调整图例位置

图例是辨别图表中数据的依据，使用图例可以更有效地查看图表中的数据，这对于数据比较复杂的图表有重要的作用。如果要调整图表中的图例位置，可以按照下面的方法进行。

操作方法：

（1）单击图表空白处，在图表右上角就会出现3个工具按钮，单击其中的【图表元素】按钮，出现一个【图表元素】面板，将光标移至【图例】选项上，然后单击其右侧的向右箭头▶，在子菜单中单击选择【更多选项】，如图4-99所示。

图 4-99

（2）此时打开了【设置图例格式】任务窗格，图4-100所示为设置图例位置的选项卡。

（3）在【图例位置】分组下就可以设置调整图例的显示位置了。比如选择【靠右】，那么图表的效果如图4-101所示。

图 4-100

图 4-101

4.5.10　显示数据标签

在图表中还可以在相应的位置显示具体的数值，这样可以更直观地比较图表。

操作方法：

（1）单击图表空白处，在图表右上角就会出现3个工具按钮，单击其中的【图表元素】按钮 ，出现一个【图表元素】面板，单击选择【数据标签】选项，然后单击其右侧的向右箭头 ，在子菜单中单击选择【更多选项】。

（2）此时打开了【设置数据标签格式】任务窗格，单击【标签选项】图标 ，切换到【标签选项】选项卡，如图 4-102 所示。

（3）此时可以在【标签包括】分组下选择要显示的标签内容，在【标签位置】分组下可以选择标签的显示位置：居中、数据标签内、轴内侧或数据标签外，这里选择【数据标签外】选项。图表效果如图 4-103 所示。

图 4-102

图 4-103

（4）此外，可以单击【填充与线条】图标 、【效果】图标 、【大小与属性】图标 ，分别设置数据标签的【填充与线条】【效果】【大小与属性】等参数，具体操作方法与 4.5.1 节中讲述的操作方法类似。

4.5.11 在图表中显示数据表

经常会看到 Excel 图表下方有显示与数据源一样的数据表，用来代替图例、坐标轴标签和数据系列标签等。在 Excel 中又称为"模拟运算表"。这个表是怎么形成的呢？

操作方法：

（1）在"Chart1"表格的图表中单击图表绘图区空白处，在图表右上角就会出现3个工具按钮，如图 4-104 所示。

（2）单击其中的【图表元素】按钮 ，出现一个【图表元素】面板，单击选择【数据表】选项，就会在下方显示和数据源一样的数据表，如图 4-105 所示。

图 4-104

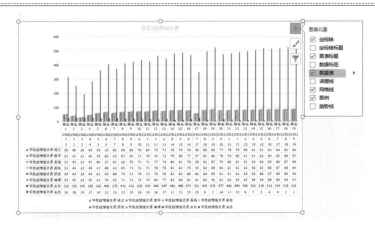

图 4-105

4.5.12 增加和删除数据

如果要增加和删除数据工作表中的数据，并且希望在已制作好的图表中描绘出所增加或删除的数据，可以按照下面的方法进行操作。

1. 删除数据

操作方法：

（1）单击工作表中要更改的数据图表，此时要增加或删除的数据即可呈选中状态，如图 4-106 所示。

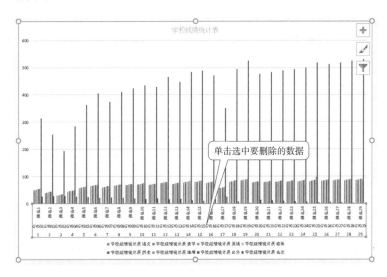

图 4-106

（2）使用鼠标右键单击，在弹出菜单中选择【删除】命令，图表选中数据就被删除了，如图 4-107 所示。

图 4-107

2. 添加数据

接下来介绍为数据表添加新的数据。

操作方法：

（1）选中如图 4-107 所示图表。选择【设计】菜单选项卡，单击【图表布局】段落中的【添加图表元素】按钮，打开如图 4-108 所示菜单。

（2）依次选择【误差线】|【百分比】命令，如图 4-109 所示。

图 4-108　　　图 4-109

结果如图 4-110 所示。

图 4-110

第 5 章

数据筛选、排序和安全管理
应用与技巧

本章为读者揭秘 Excel 数据筛选、排序和安全管理应用与技巧。

本章导读

在实际工作中，建立的数据清单在输入数据时，一般是按照数据的先后顺序进行输入。但是，当要直接从数据清单中查找所需的信息时，就很不方便。因此为了提高查找效率，需要重新整理数据，其中最有效的方法就是对数据进行排序。

排序就是把数据依照次序来排列，在计算机上处理数据时经常需要应用到这种功能。利用此功能，可以快速地将数据由大到小或由小到大排列，以列出排行榜。

5.1.1 数据排序

排序是将数据由大到小或由小到大依序排列，依其排序的方式分为两种，说明如下：

·升序排序：数据由小到大排列。

·降序排序：数据由大到小排列。

图 5-1 是按完成率进行升序排序的效果，图 5-2 是按降序进行排序的效果。

	A	B	C	D
1	销售员年度销售情况			
2	姓名	销售任务	销售业绩	完成率
3	王五	95,497	91,337	95.60%
4	刘二	70,423	77,791	110.50%
5	洪大	62,885	84,519	134.40%
6	赵四	65,011	90,533	139.30%
7	李三	65,518	98,816	150.80%
8	陈二	52,879	85,957	162.60%

图 5-1

	A	B	C	D
1	销售员年度销售情况			
2	姓名	销售任务	销售业绩	完成率
3	陈二	52,879	85,957	162.60%
4	李三	65,518	98,816	150.80%
5	赵四	65,011	90,533	139.30%
6	洪大	62,885	84,519	134.40%
7	刘二	70,423	77,791	110.50%
8	王五	95,497	91,337	95.60%

图 5-2

数据要进行排序处理时，须指定排列的依据字段，此字段称为【主要关键字】。依关键字的类别不同，其比较大小的方式可能就不一样，说明如下：

·数字：依照一般比较大小的方式。

·中文：可以设定依照笔画或注音来排序。

5.1.2 单一键值的排序

排序时，若只以一个字段的值来当作排序依据，称为单一关键字的排序。

操作方法：

（1）单击要排序的数据所在列的任意一个单元格，再单击【数据】菜单选项卡中【筛选和排序】段落中的【升序】按钮 ，或【降序】按钮 。在这里单击【销售业绩】一列中的任一单元格，然后单击【升序】按钮，如图 5-3 所示。

（2）因为作用单元格是在【销售业绩】一列，所以完成后，会依分数字段的数值重新排列数据的顺序，如图 5-4 所示。

图 5-3

图 5-4

注意： 排序数据时，只要在要作为关键字的任一单元格上按一下鼠标左键即可，千万不要选取单元格，否则只会将单元格内的数据排序，其他对应的数据不会跟着移动位置，这会造成数据的错乱。

5.1.3　多个关键字排序

使用常用工具栏中的【升序】按钮或【降序】按钮排序非常方便，但是只能按单个字段名的内容进行排序。并且，依据关键字排序时，如果碰到相同的数据，还可以设定第 2 个、第 3 个次要关键字，让排序更符合需求。

要设定多个关键字的排序时，就不能靠【升序】按钮↑↓或【降序】按钮↑↓，必须打开【排序】对话框进行设置。

操作方法：

（1）移动鼠标到菜单栏选择【数据】选项卡，然后单击【排序和筛选】段落中的【排序】按钮，如图 5-5 所示。

（2）打开如图 5-6 所示的【排序】对话框。

图 5-5

图 5-6

·列：如果没有列标题，Excel 会列出列字母标签。表中有几列，则只有字母标签会使配置排序顺序变得困难。

·排序依据：其下拉列表默认为"单元格值"，这表示该值用于排序。这是典型的配置，但是也可以按单元格颜色或字体颜色进行排序。当设置条件格式时，这很有用，这将在下一节中介绍。

·次序：其下拉列表指示要按升序还是降序对数据进行排序。

> **注意：**【次序】选项最多可同时按 3 个字段的升序或降序顺序对数据清单进行排序。若要按 3 个以上字段排序，则必须重复使用两次或两次以上的排序操作方能完成。这时需要注意 Excel 排序的特性，当两个字段值大小相同时，它会保留原来或上次排序的顺序。因此，对于 3 个以上字段排序时，应将重要的字段放在后面处理。

（3）在【主要关键字】下拉列表中选择【销售业绩】，【排序依据】选择【单元格值】，【次序】选择【升序】，如图 5-7 所示。

（4）单击【添加条件】按钮，在【次要关键字】下拉列表中选择【完成率】，【排序依据】选择【单元格值】，【次序】选择【升序】，如图 5-8 所示。

图 5-7

（5）单击【确定】按钮，结果如图 5-9 所示。

图 5-8

图 5-9

5.1.4 筛选数据

与排序不同，筛选并不重排清单。筛选只是暂时隐藏不必显示的行。而且一次只能对工作表中的一个数据清单使用筛选命令。

筛选是查找和处理数据清单中数据子集的快捷方法。筛选清单仅显示满足条件的行，该条件由用户针对某列指定。自动筛选，包括按选定内容筛选，它适用于简单条件。

操作方法：

（1）在需要排序的数据清单中，单击任意一个单元格，在这里单击 D4 单元格，如图 5-10 所示。

（2）单击【数据】菜单选项卡中【排序和筛选】段落中的【筛选】按钮🔻，如图 5-11 所示。

图 5-10

图 5-11

这时表格中的每个单元格的列标题处就会出现下拉箭头，如图 5-12 所示。

（3）单击【完成率】右边的箭头，就会弹出下拉列表，选择【数字筛选】|【大于或等于】命令，如图 5-13 所示。

图 5-12

图 5-13

（4）在弹出的【自定义自动筛选方式】对话框的【大于或等于】后面的文本框中输入筛选的具体条件，如 100%，如图 5-14 所示。

（5）单击【确定】按钮，此时只显示出相应的记录，如图 5-15 所示。

图 5-14

图 5-15

5.2 Excel 文件与工作簿的保护应用与技巧

Excel 中提供了几层保护来控制可访问和更改 Excel 数据的用户，可对工作簿与工作表进行保护。

Excel 有强大的保护功能，它可以为文件、工作簿和工作表分别设定不同的保护内容。有了保护之后，必须拥有密码才能打开文件与修改工作表内容。此外，在 Office 2002 中还新增了一项信息权限管理（IRM）功能，它能协助防止敏感性的信息落入他人手中。

接下来的内容，以基于"员工薪酬管理系统 .xlsx"工作簿为基础进行讲解。

5.2.1 给工作簿添加保护密码

平常打开工作簿之后，工作簿里的工作表可以被任意删除，如果所使用的工作簿是很重要的工作内容，建议将它保护起来，这样别人就无法删除其中的任何一个工作表了。

操作方法：

（1）打开要添加保护密码的工作簿，比如"员工薪酬管理系统 .xlsx"。

（2）单击切换到【审阅】菜单选项卡，单击【保护】段落中的【保护工作簿】命令，如图 5-16 所示。

图 5-16

（3）在打开的【保护结构和窗口】对话框的【密码】文本框中输入密码，然后单击【确定】按钮，如图 5-17 所示。

（4）出现【确认密码】对话框后，在【重新输入密码】文本框内重复输入一次和刚才一样的密码，然后单击【确定】按钮，如图 5-18 所示。

图 5-17

图 5-18

设定保护密码时，要连续输入两次相同的密码，Excel 确认无误之后，才会将整个工作簿设成保护状态。工作簿设定保护以后，再移动鼠标到工作表标签上按一下鼠标右键，拉出快捷菜单后，会发现此时无法选择删除，也无法插入、复制或移动工作表，甚至也不能将工作表重新命名，如图 5-19 所示。

在设定保护工作簿时有两个选项，分别是保护结构和窗口。

·保护结构指的是冻结组成工作簿的工作表个数和名称，所以工作表就无法被删除。

·保护窗口则会让工作簿右上角的 3 个窗口控制按钮消失，所以工作窗口无法进行最大化、最小化、还原或将它关闭。

图 5-19

设定好保护密码之后，千万别忘了把密码记下来，一旦忘记密码就无法解除保护了。

提示：工作簿被保护之后，里面的工作表的内容仍然可以被修改。

5.2.2 取消工作簿的保护

工作簿设定好保护密码之后，解除保护时要使用原先设定的密码。

操作方法：

（1）将窗口切换到要解除保护的工作簿之后，单击切换到【审阅】菜单选项卡，再次单击【保护】段落中的【保护工作簿】命令，如图 5-20 所示。

图 5-20

（2）在打开的【撤消工作簿保护】对话框的【密码】
文本框中输入保护密码，如图5-21所示。然后单击【确
定】按钮，就解除了工作簿的保护状态。

图 5-21

解除工作簿的保护之后，就可以任意删除工作簿里
的工作表了。下次再设定保护时，需要重新设定密码。

5.2.3 设定打开文件的保护

设定文件的保护，可以在第一次保存或另存为时，设定打开文件的密码。文件一经
设定保护，如果不知道打开文件的正确密码，就无法读取所保存的工作簿文件。

可以设置两个不同的密码：一个为用户可打开和查看文件必须要输入的密码；另一
个则是在用户要编辑和保存对文件所做更改时，需要输入的密码。这些密码可应用于工
作簿文件，并且与【保护工作簿】对话框提
供的保护是不同的。

操作方法：

（1）第一次保存文件时，可以单击快速
访问工具栏最左侧的【保存】按钮 保存文件。
如果是已经保存过的文件，则单击【文件】|【另
存为】命令。然后单击【浏览】按钮 ，如
图5-22所示。

（2）出现【另存为】对话框后，首先选
择文件要存放的文件夹，然后在文件名称栏
中输入文件名称，再单击底部的【工具】按钮，
从弹出菜单中选择【常规选项】，如图5-23
所示。

图 5-22

（3）打开【常规选项】对话框后，在【打开权限密码】文本框中输入要打开文件时
所使用的保护密码；在【修改权限密码】文本框中输入打开文件后，要对文件进行修改
时所使用的保护密码。如图5-24所示。

图 5-23

图 5-24

（4）这里选择输入了两种密码。输入完毕，单击【确定】按钮，在出现的【确认密码】对话框的【重新输入密码】文本框中输入刚才设置的密码，如图 5-25 所示。

图 5-25

（5）返回到【另存为】对话框中。然后单击【保存】按钮关闭对话框。

文件设定保护后，每次要打开这个文件时都会出现【密码】对话框，如图 5-26 所示，输入正确的密码就可以打开工作簿了。

图 5-26

5.2.4　取消文件的保护

要解除文件的保护，必须要先进入设定密码保护的界面，再取消原先设定的密码就可以了。

操作方法：

（1）切换到要解除保护的工作簿中，单击【文件】|【另存为】命令。然后单击【浏览】按钮 ，如图 5-27 所示。

（2）出现【另存为】对话框后，单击底部的【工具】按钮，从弹出菜单中选择【常规选项】，在打开的【常规选项】对话框中将保护密码删除，如图 5-28 所示。

（3）单击【确定】按钮返回到【另存为】

图 5-27

对话框中，然后单击【保存】按钮。

（4）由于另存为时选择的是原来的文件名，所以 Excel 在存盘时会发现已存在一个同名文件。出现【确认另存为】对话框后，单击【是】按钮即可，如图 5-29 所示。

图 5-28   图 5-29

解除文件的保护后，以后再打开这个文件就不需要输入密码了。

5.2.5 设定工作表的保护

工作簿保护是让工作簿中的工作表不被删除，文件保护则是保护电子表格文件不被任意打开，而如果对工作表设定了保护，单元格内容就不能被修改或删除。

操作方法：

（1）切换到要设定保护的工作表中，如"员工基本工资表"。

（2）单击切换到【审阅】菜单选项卡，再次单击【保护】段落中的【保护工作表】命令，如图 5-30 所示。

图 5-30

（3）出现【保护工作表】对话框后，在【取消工作表保护时使用的密码】文本栏中输入保护密码，并在【允许此工作表的所有用户进行】列表框中选择允许用户进行的操作，然后单击【确定】按钮，如图 5-31 所示。

（4）出现【确认密码】对话框后，再输入一次刚才输入的密码，如图 5-32 所示。

图 5-31   图 5-32

设定工作表保护后，将不能对工作表进行规定的修改操作，否则会弹出如图5-33所示的提示对话框。

图 5-33

5.2.6 取消工作表的保护

如果要修改被保护工作表的内容，应先取消它的密码保护。

操作方法：

（1）切换到要设定保护的工作表中，如"员工基本工资表"。

（2）单击切换到【审阅】菜单选项卡，再次单击【保护】段落中的【撤销工作表保护】命令，如图5-34所示。

图 5-34

（3）打开【撤消工作表保护】对话框后，在【密码】文本栏输入原先设定的保护密码，然后单击【确定】按钮即可，如图5-35所示。

解除工作表的保护之后，工作表又会恢复成可以修改内容的状态了。

图 5-35

157

第 6 章

数据分析应用

Excel 不仅可以制作一般的表格，而且可以创建数据透视表和数据透视图以进行管理数据的高级操作。本章将以具体的应用案例，为读者佐证如何利用 Excel 进行数据分析。

本章导读

6.1 销售管理：数据透视表的应用

本节将以"5 月牙膏销售统计表 .xlsx"工作簿为基础，创建一个数据透视表，对牙膏在 5 月的销售情况进行数据分析。

数据透视表是一种对大量数据快速汇总和建立交叉列表的动态工作表。它不仅具有转换行和列以查看源数据的不同汇总效果、显示不同页面以筛选数据、根据需要显示区域中的细节数据、设置报告格式等功能，还具有链接图标的功能。数据透视图则是一个动态的图表，它会将创建的数据透视表以图表形式显示出来。

数据透视表及数据透视图是一种数据分类功能，可以把流水式的数据，依类别加以重整。只要适当地决定分类标准，就可以迅速得出所需的统计表或数据透视图。无论是数据总表或分类视图，都只需轻松地拉拉菜单，就可以做好数据分类汇总的工作。建好的数据透视表或数据透视图，能够再根据数据性质建立新的组合，使数据的分类更加完善。

6.1.1 创建数据透视表

建立数据透视表时，首先需要选定数数据透视表的来源数据类型，可以是 Excel 数据列表或数据库、汇总及合并不同的 Excel 数据、外部数据（例如：数据库文件、文字文件或因特网来源数据）、其他数据透视表（以相同的数据建立多份数据透视表，重复使用现有的数据透视表来建立新的数据透视表，这样还可以节省内存空间和磁盘空间，并将原始和新数据透视表联结在一起）等。根据范围，再决定竖排和横排的数据类别，Excel 就会自动产生所需的分析表。

操作方法：

（1）打开"5 月牙膏销售统计表 .xlsx"工作簿，选中 A2 至 A15 的所有行和列所在的单元格，如图 6-71 所示。

（2）选择【插入】菜单选项卡，单击【表格】段落中的【数据透视表】按钮 ，打开【创建数据透视表】对话框，如图 6-2 所示。

图 6-1   图 6-2

· 数据源：创建数据透视表所使用的数据列表清单或多维数据集。

（3）单击【确定】按钮，创建新的表格"Sheet2"，如图 6-3 所示。

图 6-3

· 字段：描述字段内容的标志。一般为数据源中的标题行内容。可以通过选择字段对数据透视表进行透视。

· 筛选：基于数据透视表中进行分页的字段，可对整个透视表进行筛选。

· 列：信息的种类，等价于数据列表中的列。

· 行：在数据透视表中具有行方向的字段。

· 值：透视表中各列的表头名称。

· 更新：重新计算数据透视表，反映最新数据源的状态。

（4）在右侧的【数据透视表字段】任务窗格中的【选择要添加到报表的字段】列表框中，选择要添加的字段，这里选择所有的字段。此时生成的数据透视表如图 6-4 所示。

（5）单击的【关闭】按钮 ×，将任务窗格关闭。

如果只选择【品牌】、【规格】、和【销售总额】3 个字段，那么生成的透视表如图 6-5 所示。

图 6-4

图 6-5

从图 6-5 可以清晰直观地看出每一种牙膏在 5 月的销售总额，并进行对比分析。

仔细观察数据透视表，会发现 Excel 依照所设定的方式将数据分类，并自动产生总计栏数据。原先零散的数据经过分析后，变成一目了然的表格数据。

6.1.2　隐藏数据项

建好数据透视表后，可以让某些数据项隐藏不显示，Excel 会自动根据所留下来的数据项，重新整理一份数据透视表。

操作方法：

（1）使用鼠标右键单击透视表任意单元格，从弹出菜单中选择【显示字段列表】命令，如图 6-6 所示。

（2）打开【数据透视表字段】任务窗格，在【选择要添加到报表的字段】列表框中，取消选择要隐藏的字段选项即可，如图 6-7 所示。

图 6-6

图 6-7

完成字段项的隐藏后，Excel 会自动重新整理生成一份数据透视表。

6.1.3　移除分类标签

除了隐藏不显示的数据项之外，也可以删除整个分类标签。

操作方法：

移动鼠标到数据透视表中要删除的分类标签左列的任何一个单元格，按一下鼠标右键，从弹出菜单中选择【删除'XXX'（V）】命令即可，如图 6-8 所示。

完成数据标签的移除后，Excel 会自动重新整理生成一份数据透视表。

6.1.4 建立数据透视图

和数据透视表一样，只要设定数据范围，就可以建立数据透视图。数据透视图是在数据透视表的基础上建立的，所以在生成数据透视图的同时，会生成一个数据透视表。

操作方法：

（1）打开"5月牙膏销售统计表.xlsx"工作簿，选中 A2 至 A15 的所有行和列所在的单元格，如图 6-9 所示。

图 6-8

图 6-9

（2）选择【插入】菜单选项卡，单击【图表】段落中的【数据透视图】按钮，打开【创建数据透视图】对话框，如图 6-10 所示。

（3）单击【确定】按钮，创建新的表格"Sheet3"，如图 6-11 所示。

图 6-10

图 6-11

· 字段：描述字段内容的标志。一般为数据源中的标题行内容。可以通过选择字段选项对数据透视表进行透视。

· 筛选：基于数据透视表中进行分页的字段，可对整个透视表进行筛选。

· 列：信息的种类，等价于数据列表中的列。

· 行：在数据透视表中具有行方向的字段。

· 值：透视表中各列的表头名称。

· 更新：重新计算数据透视表和透视图，反映最新数据源的状态。

（4）在右侧的【数据透视图字段】任务窗格中的【选择要添加到报表的字段】列

表框中，选择要添加的字段，这里选择所有的字段。此时生成的数据透视表和透视图如图 6-12 所示。

图 6-12

仔细观察生成的数据透视图，可以看到【水平（类别）轴】的内容压在了绘图区上，此时单击数据透视图，拖动下方的控制点扩大显示区范围，使得所有内容完整地显示出来，如图 6-13 所示。

图 6-13

6.1.5　检视数据透视表

如果数据透视图中的数据项太多，也可以设定只检视部分数据所画出来的统计图。

操作方法：

单击透视图，在打开的【数据透视图字段】任务窗格的【选择要添加到报表的字段】

列表框中，取消勾选不要的字段选项，如这里取消勾选【单价】字段选项，Excel 就会重新创建新的数据透视图，如图 6-14 所示。

除了数据内容外，也可以从分类菜单中选择要检视的图表内容。

数据透视图和数据透视表的操作方法基本一致，不同之处在于一个以图形方式呈现，一个则是以表格方式呈现。

图 6-14

6.1.6 删除数据透视表

如果要删除数据透视表，则与删除表格的操作一样。

操作方法：

使用鼠标右键单击要删除的数据透视表对应的工作表标签，从弹出菜单中选择【删除】命令即可，如图 6-15 所示。

图 6-15

6.2 综合应用：员工薪酬管理

通过本节的学习，使得读者能够利用 Excel 进行薪酬管理系统工作簿的制作，并从中学习掌握 Excel 数据清单的制作、有关函数的应用、数据名称的定义方法、数据分类汇总功能和数据透视表、透视图功能的基本操作方法。

6.2.1 概述

薪酬管理是管理单位员工每月的各项薪酬，包括基本工资、考勤扣款、奖金、福利补贴、社会保险扣款等，单位性质不同，薪酬的计算项目也不相同。但是，用手工计算这些数据工作效率低，也容易出错。利用 Excel 进行薪酬管理能提高工作效率并规范管理企业人员的薪酬。同时，一旦建立了薪酬管理系统后，每月核算员工薪酬时，只需要更改少量的数据即可自动计算出每位员工的最终应发薪酬。这样，不仅能有效地减轻薪酬管理人员和财务人员的工作负担，而且能提高工作效率、规范工资核算，同时也为查询、汇总、管理工资数据提供极大的方便。

1. 基本结构

本节的目的是建立一个员工薪酬管理系统工作簿，创建完成各种基本表页。如"员工基本情况表""员工基本工资表""员工福利表""员工社会保险表""员工考勤表"等，编制完成工资结算表并计算应发工资，生成并打印工资条；建立有关薪酬数据的统计分析。基本结构如图6-16所示。

图 6-16

2. 背景资料

某企业为生产型中小企业，现欲构建一个企业的薪酬管理系统，该企业2020年7月有关薪酬管理的基本资料如下。

（1）员工基本情况

具体情况如表6-1所列。

表6-1 员工基本情况表

编号	姓名	部门	职务	职称	性别	参加工作时间
1	李东	企划部	主任	工程师	男	2015/9/15
2	张铭	设计部	经理	工程师	男	2012/8/9
3	赵刚	设计部	设计人员	助理工程师	男	2018/8/3
4	靳东	企划部	企划专员	助理工程师	男	2017/9/6
5	许阳	销售部	销售人员	助理工程师	女	2019/2/5
6	程丽	企划部	企划专员	助理工程师	女	2019/4/23
7	赵晓	生产部	主任	工程师	女	2008/8/1
8	刘涛	销售部	经理	工程师	女	2009/8/3
9	辛浪	销售部	销售人员	助理工程师	男	2019/12/1
10	封明	生产部	生产人员	助理工程师	男	2015/4/1

（2）员工基本工资

具体情况如表6-2所列。

表 6-2　员工基本工资表

单位：元

编号	姓名	部门	基础工资	岗位工资	工龄工资	基本工资
1	李东	企划部	12000.00	1000.00	300.00	13300.00
2	张铭	设计部	8000.00	800.00	300.00	9100.00
3	赵刚	设计部	5000.00	600.00	100.00	5100.00
4	靳东	企划部	5000.00	600.00	150.00	5150.00
5	许阳	销售部	3000.00	500.00	50.00	3600.00
6	程丽	企划部	5000.00	600.00	50.00	5650.00
7	赵晓	生产部	6000.00	2000.00	300.00	8300.00
8	刘涛	销售部	5000.00	2000.00	300.00	7300.00
9	辛浪	销售部	3000.00	500.00	50.00	3550.00
10	封明	生产部	3000.00	500.00	300.00	3800.00

（3）员工福利

具体情况如表 6-3 所列。

表 6-3　员工福利表

单位：元

编号	姓名	部门	住房补贴	伙食补贴	医疗补助	合计
1	李东	企划部	800.00	200.00	100.00	1100.00
2	张铭	设计部	800.00	200.00	100.00	1100.00
3	赵刚	设计部	500.00	200.00	100.00	800.00
4	靳东	企划部	500.00	200.00	100.00	800.00
5	许阳	销售部	500.00	200.00	100.00	800.00
6	程丽	企划部	500.00	200.00	100.00	800.00
7	赵晓	生产部	800.00	200.00	100.00	1100.00
8	刘涛	销售部	800.00	200.00	100.00	1100.00
9	辛浪	销售部	500.00	200.00	100.00	800.00
10	封明	生产部	500.00	200.00	100.00	800.00

（4）员工社会保险

具体情况如表 6-4 所列。

表 6-4　员工社会保险表

单位：元

编号	姓名	部门	养老保险	失业保险	医疗保险	合计
1	李东	企划部	262.56	16.41	65.64	344.61
2	张铭	设计部	262.56	16.41	65.64	344.61
3	赵刚	设计部	262.56	16.41	65.64	344.61
4	靳东	企划部	262.56	16.41	65.64	344.61
5	许阳	销售部	262.56	16.41	65.64	344.61
6	程丽	企划部	262.56	16.41	65.64	344.61
7	赵晓	生产部	262.56	16.41	65.64	344.61
8	刘涛	销售部	262.56	16.41	65.64	344.61
9	辛浪	销售部	262.56	16.41	65.64	344.61
10	封明	生产部	262.56	16.41	65.64	344.61

（5）员工考勤

具体情况如表 6-5 所列。

表 6-5　员工考勤表

单位：元

编号	姓名	部门	病假天数	事假天数
1	李东	企划部		
2	张铭	设计部	2	
3	赵刚	设计部		3
4	靳东	企划部	1	
5	许阳	销售部		4
6	程丽	企划部		
7	赵晓	生产部	4	
8	刘涛	销售部		
9	辛浪	销售部		2
10	封明	生产部		

请假扣款计算公式：

请假扣款 =50×（病假天数 + 事假天数）

即请假一天扣 50 元，无论是事假还是病假。

（6）员工业绩考核

具体情况如表 6-6 所列。

表6-6　员工业绩考核表

单位：元

编号	姓名	部门	销售业绩额	业绩奖金
1	李东	企划部		
2	张铭	设计部		
3	赵刚	设计部		
4	靳东	企划部		
5	许阳	销售部	500000	500
6	程丽	企划部		
7	赵晓	生产部		
8	刘涛	销售部	800000	800
9	辛浪	销售部	200000	200
10	封明	生产部		

7）月个人所得税税率表

具体情况如表6-7所列。

表6-7　月个人所得税税率表

级数	全月应纳税所得额	税率（%）	速算扣除数（元）
1	月应纳税所得额 ≤ 5000 元	3	0
2	5000 元 < 月应纳税所得额 ≤ 12000 元	10	210
3	12000 元 < 月应纳税所得额 ≤ 25000 元	20	1410
4	25000 元 < 月应纳税所得额 ≤ 35000 元	25	2660
5	35000 元 < 月应纳税所得额 ≤ 55000 元	30	4410
6	55000 元 < 月应纳税所得额 ≤ 80000 元	35	7160
7	超过 80000 元的部分	45	15160

所得税计算方法如下：

应纳税所得额 = 月收入 - 起征点 - 五险一金

个人所得税 = 应纳税所得额 × 税率 - 速算扣除数

（本项目中涉及的个税起征点按照2018年10月1日起实施的最新起征点5000元标准来设计）

（8）工作准备

首先建立一个名为"员工薪酬管理系统"的工作簿，在此工作簿中建立"员工基本情况表""员工基本工资表""员工福利表""员工考勤表""员工社会保险表""员工业绩考核表"，各工作簿分别完成其对应的任务，具体操作参见下一节内容。

6.2.2　建立员工基本情况表

员工基本情况表是企业员工的基本信息的汇总表，其中包括每个员工的编号、姓名、所属部门、职务、职称、性别、参加工作时间、联系电话、银行账号等。

操作方法：

（1）单击"员工基本情况表"工作表。

（2）单击单元格 A1，输入标题【员工基本情况表】。

（3）选中 A1：G1 单元格区域，单击【开始】菜单选项卡中的【单元格】段落中的【格式】图标按钮，在弹出的下拉菜单中选择【设置单元格格式】命令，如图 6-17 所示。

图 6-17

图 6-18

（4）在打开的【设置单元格格式】对话框中单击切换到【对齐】选项卡，选择【水平对齐】为【居中】、【垂直对齐】为【居中】，选中【合并单元格】单选项，如图 6-18 所示。

（5）单击切换到【字体】选项卡，选择【字体】为【方正粗黑宋简体】，【字形】为【常规】，【字号】为【14】，【下划线】为【会计用双下划线】，如图 6-19 所示。然后单击【确定】按钮，退出【设置单元格格式】对话框。

（6）在 A2 至 G2 区域依次输入员工基本情况表的表头：【编号】、【姓名】、【部门】、【职务】、【职称】、【性别】和【参加工作时间】，如图 6-20 所示。

图 6-19

图 6-20

（7）选择单元格区域 A2：G12，如图 6-21 所示。

（8）使用鼠标右键单击被选中区域，在弹出菜单中选择【设置单元格格式】命令，如图 6-22 所示。

图 6-21

图 6-22

（9）在弹出的【设置单元格格式】对话框中单击切换到【边框】选项卡，单击【外边框】【内部】，如图 6-23 所示。然后单击【确定】按钮，退出【设置单元格格式】对话框。此时，整个表格效果如图 6-24 所示。

图 6-23

图 6-24

（10）根据表6-1，依次录入员工基本情况数据，完善"员工基本情况表"，如图 6-25 所示。可采用记录单的方式录入数据，如图 6-26 所示。

图 6-25

图 6-26

6.2.3 建立员工基本工资表

员工基本工资表是用来记录员工的工资结构和数据的表格，包括的项目有员工编号、姓名、部门、基础工资、岗位工资、工龄工资和基本工资等。在实际工作中，员工基本工资表可根据各个企业的不同情况进行设计。

操作方法：

（1）设置"员工基本工资表"格式的方法与前面的"员工基本情况表"的建立类似，此处不作赘述。在第一行输入标题"员工基本工资表"，然后设置单元格式：包括设置文本对齐方式、字体等。画表格线，输入表格表头【编号】、【姓名】、【部门】、【基础工资】、【岗位工资】、【工龄工资】和【基本工资】。

（2）表格内前三列【编号】、【姓名】和【部门】与【员工基本情况表】内的前三列相同，因此可使用公式直接输入，单击 A3 单元格，在公式编辑栏输入公式"=员工基本情况表!A3"，如图 6-27 所示。

图 6-27

（3）单击 B3 单元格，在公式编辑栏输入公式：= 员工基本情况表!B3。

（4）单击 C3 单元格，在公式编辑栏输入公式：= 员工基本情况表!C3。

（5）利用 Excel 的自动填充功能，

选择 A3：C3 区域，将鼠标放置在 C3 单元格右下角，当出现十字形时，单击鼠标左键，向下拖动至 C12 单元格，松开鼠标左键后，A3：C12 自动显示数据。

（6）根据表 6-2，输入各项员工工资数据。

（7）G 列的基本工资实际是前面各项工资的综合，所以可以在 G3 输入公式：=SUM（D3：F3），自动计算基本工资，如图 6-28 所示。

图 6-28

（8）利用 Excel 的自动填充功能计算各行基本工资，结果如图 6-29 所示。

图 6-29

6.2.4 建立员工福利表

员工福利表是用来记录各个员工的基本福利的表格，包括住房补贴、伙食补贴、医疗补助等，企业可根据自身情况增加或减少各项福利。

操作方法：

（1）设置"员工福利表"格式的方法与设置"员工基本情况表"类似，在此

不作赘述。在第一行输入标题"员工福利表"，然后设置单元格格式，包括文本对齐方式、字体等。画表格线，输入表格表头【编号】、【姓名】、【部门】、【住房补贴】、【伙食补贴】、【医疗补助】和【合计】。

（2）表格内前三列【编号】、【姓名】

和【部门】与【员工基本情况表】内的前三列相同，因此可使用公式直接输入，单击 A3 单元格，在公式编辑栏输入公式：= 员工基本情况表 !A3。

（3）单击 B3 单元格，在公式编辑栏输入公式：= 员工基本情况表 !B3。

（4）单击 C3 单元格，在公式编辑栏输入公式：= 员工基本情况表 !C3。

（5）利用 Excel 的自动填充功能，选择 A3：C3 区域，将鼠标放置在 C3 单元格右下角，当出现十字形时，单击鼠标左键，向下拖动至 C12 单元格，松开鼠标左键后，A3：C12 自动显示数据。

（6）按照 6.2.3 节的方法导入表内前

三列的数据。

（7）根据表 6-3 输入余下的数据，合计部分可以使用【SUM】函数自动计算。最后的结果如图 6-30 所示。

图 6-30

6.2.5 建立员工社会保险表

员工社会保险表是用来记录各个员工缴纳的各项社会保障费用，包括养老保险、失业保险、医疗保险等，企业可根据员工缴纳各项保险的情况进行计算。

操作方法：

（1）设置"员工社会保险表"格式的方法与"员工基本情况表"类似，在此不作赘述。在第一行输入标题"员工社会保险缴纳一览表"，设置单元格格式，包括文本对齐方式、字体等。画表格线，输入表格表头【编号】、【姓名】、【部门】、【养老保险】、【失业保险】、【医疗保险】和【合计】。

（2）表格内前三列【编号】、【姓名】和【部门】与【员工基本情况表】内的前三列相同，因此可使用公式直接输入，单击 A3 单元格，在公式编辑栏输入公式：= 员工基本情况表 !A3。

（3）单击 B3 单元格，在公式编辑栏输入公式：= 员工基本情况表 !B3。

（4）单击 C3 单元格，在公式编辑栏输入公式：= 员工基本情况表 !C3。

（5）利用 Excel 的自动填充功能，

选择 A3：C3 区域，将鼠标放置在 C3 单元格右下角，当出现十字形时，单击鼠标左键，向下拖动至 C12 单元格，松开鼠标左键后，A3：C12 自动显示数据。

（6）根据表 6-4 的内容输入员工各项基本社会保险费用。

（7）单击 G3 单元格，在公式编辑栏内输入公式：=SUM（D3：F3）（合计 = 养老保险 + 失业保险 + 医疗保险）。单击回车键，G3 单元格内便自动显示合计数。

（8）利用自动填充功能将该列其他单元格数据填充完毕。最后的结果如图 6-31 所示。

图 6-31

6.2.6 建立员工考勤表

员工考勤表是用来记录各个员工平时的出勤情况，根据每个人的出勤情况计算应扣发的工资的表格。

操作方法：

（1）设置【员工考勤表】格式的方法与"员工基本情况表"类似，在此不作赘述。在第一行输入标题"员工考勤表"，设置单元格格式，包括文本对齐方式、字体等。画表格线，输入表格表头，单击F2 单元格，输入【扣款合计】。

（2）表格内前三列【编号】、【姓名】和【部门】与【员工基本情况表】内的前三列相同，因此可使用公式直接输入，单击 A3 单元格，在公式编辑栏输入公式：=员工基本情况表 !A3。

（3）单击 B3 单元格，在公式编辑栏输入公式：= 员工基本情况表 !B3。

（4）单击 C3 单元格，在公式编辑栏输入公式：= 员工基本情况表 !C3。

（5）利用 Excel 的自动填充功能，选择 A3：C3 区域，将鼠标放置在 C3 单

元格右下角，当出现十字形时，单击鼠标左键，向下拖动至 C12 单元格，松开鼠标左键后，A3：C12 自动显示数据。

（6）根据表 6-5 录入数据。

（7）单击 F3 单元格，在公式编辑栏输入公式：=50*（D3+E3），单击回车键，F3 单元格会自动显示扣款合计。

（8）利用自动填充功能计算每行的扣款合计。最后的结果如图 6-32 所示。

图 6-32

6.2.7 建立员工业绩考核表

员工业绩考核表是用来统计员工业绩表现的数据以及所应获得的业绩奖金的记录。其项目主要包括员工编号、姓名、部门、销售业绩额和业绩总奖金等。

操作方法：

（1）设置"员工业绩考核表"格式的方法与"员工基本情况表"类似，在此不作赘述。在第一行输入标题"员工业绩考核表"，设置单元格格式，包括文本对齐方式、字体等。画表格线，输入表格表头【编号】、【姓名】、【部门】、【销售业绩额】和【业绩奖金】。

（2）表格内前三列【编号】、【姓名】和【部门】与【员工基本情况表】内的前三列相同，因此可使用公式直接输入，单击 A3 单元格，在公式编辑栏输入公式：= 员工基本情况表 !A3。

（3）单击 B3 单元格，在公式编辑栏输入公式：= 员工基本情况表 !B3。

（4）单击 C3 单元格，在公式编辑栏输入公式：= 员工基本情况表 !C3。

（5）利用 Excel 的自动填充功能，选择 A3：C3 区域，将鼠标放置在 C3 单元格右下

角，当出现十字形时，单击鼠标左键，向下拖动至 C12 单元格，松开鼠标左键后，A3：C12 自动显示数据。

（6）根据表 6-6 的内容输入员工业绩考核内容。最后的结果如图 6-33 所示。

6.2.8 创建员工工资结算单

图 6-33

员工工资结算单是由员工基本工资表、员工福利表、员工考勤表、员工业绩考核表中的各项数据组合而成，但是如果逐一填入数据，会非常烦琐，而且容易出错。因此，可以利用 Excel 的【定义数据名称】功能和【引用函数】功能从各个表格中提取数据，简化操作。

操作方法：

（1）建立工作表"各类费用比率"，确定各类计算比率，如图 6-34 所示。

（2）激活"员工基本工资表"，选择数据区域【A2：G12】。

（3）单击菜单栏中的【公式】|【定义的名称】|【定义名称】|【定义名称】，如图 6-35 所示。

图 6-34

图 6-35

（4）在弹出的【新建名称】对话框中的【名称】文本框内输入"员工基本工资表"，并在【引用位置】栏显示所选择要应用的数据表及数据位置，如图 6-36 所示。

（5）单击【确定】按钮，完成数据名称的定义。

（6）按上述方法分别对员工福利表、员工社会保险表、员工考勤表、员工业绩考核表进行名称定义。全部定义完成后，单击菜单栏中的【公式】|【定义的名称】|【名称管理器】，在打开的【名称管理器】对话框中可以查看所创建的全部名称，如图 6-37 所示。

（7）创建一个名为"员工工资结算单"的新表，其单元格格式的设置方法与"员工基本情况表"类似，在此不作赘述。在第一行输入标题"员工工资结算单"，设置单元格格式，包括文本对齐方式、字体等。画表格线，输入表格表头【编号】、【姓名】、【部门】、【基础工资】、【岗位工资】、【工龄工资】、【住房补贴】、【伙食补贴】、【医疗补助】、【业绩奖金】、【养老保险】、【失业保险】、【医疗保险】、【请假扣款】、【应发工资】、【应扣所得税】和【实发工资】，如图 6-38 所示。

图 6-36

图 6-37

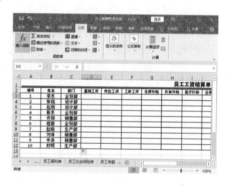

图 6-38

（8）前面三列员工基本信息的输入方法在 6.2.3 节中已做介绍，在此不作赘述。

（9）以计算李东的基础工资为例。单击选中 D3 单元格，然后单击菜单栏中的【公式】|【函数库】|【插入函数】，如图 6-39 所示。

（10）在弹出的【插入函数】对话框中，在【或选择类别】下拉列表中选择【查找与引用】，如图 6-40 所示。

（11）在【选择函数】列表框中选择【VLOOKUP】函数，然后单击【确定】按钮，如图 6-41 所示。

图 6-39

图 6-40

图 6-41

（12）在弹出的【函数参数】对话框中，在【Lookup_value】文本框中输入"A3"，在【Table_array】文本框中输入"员工基本工资表"，在【Col_index_num】文本框中输入"4"，在【Range_lookup】文本框中输入"0"，如图 6-42 所示。

（13）单击【确定】按钮，则在员工工资结算单中的 D3 单元格会自动得出数据。

在输入数据时，对已经定义名称的数据表，可以在 LOOKUP 函数参数设置中直接引用。

（14）用同样方法输入 D3：D12 区域的其他数据，结果如图 6-43 所示。

图 6-42

图 6-43

（15）用同样方法输入岗位工资、工龄工资、住房补贴、伙食补贴、医疗补助、业绩奖金、养老保险、失业保险、医疗保险、请假扣款等数据。

需要注意的是，关于 VLOOKUP 函数的参数设置对话框中的【Col_index_num】参数，代表返回值的列数。

（16）在 O3 单元格输入：=SUM（D3：J3）–SUM（K3：N3）。

（17）使用自动填充功能计算出所有人的应发工资。

（18）接下来对照"各类费用比率"工作表，在 P 列计算出个人所得税。

（19）单击 Q3 单元格，输入公式：=O3-P3，得到实发工资。

（20）使用自动填充功能计算出所有人的实发工资。

6.2.9　生成员工工资条

工资条是发放给企业员工的工资清单，其中要求员工的每一项工资数据都清晰记录，包括工资的各个组成部分的数值。

操作方法：

（1）将"员工工资结算单"的内容复制到工资条。

（2）单击第四行任意单元格，然后单击菜单栏中的【开始】|【单元格】|【插入】|【插入工作表行】，此操作在各个员工之间进行两次，结果如图 6-44 所示。

（3）单击第二行，单击鼠标右键选择【复制】。

（4）单击 A5 单元格，单击鼠标右键选择【粘贴】，用同样的方法粘贴其他员工工资信息的标题。结果如图 6-45 所示。

图 6-44

图 6-45

（5）选择 A4：Q4 单元格区域，单击菜单栏上的【开始】|【单元格】|【格式】|【设置单元格格式】，在弹出的【设置单元格格式】对话框中，选择【边框】选项卡，将边框样式改为只有上边框和下边框，如图 6-46 所示。

（6）单击【确定】按钮，结果如图 6-47所示。

（7）选中第四行，双击工具栏的【格式刷】按钮，然后分别单击第 7 行、10 行、13 行、16 行、19 行、22 行、25 行、28 行，消除这些行的网格竖线。消除完毕后，单击格式刷按钮。完成后的效果如图 6-48 所示。

图 6-46

图 6-47

图 6-48

6.2.10 创建工资总额汇总表

工资总额汇总表是对工资数据进行分析的表格，需要将相同类型的数据统计出来，这也就是数据的分类和汇总。在 Excel 中提供了两种功能进行分析，一种功能是分类汇总功能；另一种功能是数据透视表功能。

操作方法：

（1）将"员工工资结算单"的内容复制到工作表"员工工资汇总表"，修改表的名称和标题为"员工工资汇总表"。

（2）单击任何一个单元格，然后单击菜单栏中的【数据】|【排序和筛选】|【排序】，如图 6-49 所示。

（3）在打开的【排序】对话框中，在【主要关键字】下拉列表中选择【部门】，单击【确定】按钮，如图 6-50 所示。

图 6-49   图 6-50

（4）单击数据清单中任意一个非空单元格，单击菜单栏中的【数据】|【分级显示】|【分类汇总】，如图 6-51 所示。

图 6-51

（5）在弹出的【分类汇总】对话框中，【分类字段】选择【部门】，【汇总方式】选择【求和】，取消【替换当前分类汇总】复选框，如图 6-52 所示。

从图中可以发现，除了按照部门进行汇总，还可以按照各类工资、福利费、社会保险费、合计等进行汇总，汇总的方式多种多样，企业可以根据自身的需要进行设置。

（6）单击【确定】按钮，分类汇总结果如图 6-53 所示。

图中左边的【-】为隐藏按钮，单击此按钮将隐藏本级的明细数据，同时【-】变为【+】。

（7）单击菜单栏中的【插入】|【表格】|【数据透视表】，如图 6-54 所示。

（8）打开【创建数据透视表】对话框，如图 6-55 所示。

图 6-52　　　　　　　　　　　　　　　　　图 6-53

图 6-54

图 6-55

（9）单击【表 / 区域】右侧的按钮 ，选择要建立数据透视表的数据区域，在"员工工资结算单"工作表中选择 A2：Q12 区域，如图 6-56 所示。

（10）选择完毕后单击右边的折叠按钮 ，返回到【创建数据透视表】对话框中，单击【选择放置数据透视表的位置】下面的【现有工作表】选项，如图 6-57 所示。

图 6-56

图 6-57

（11）单击"员工工资汇总表"工作表的空白处，此时在【现有工作表】下方的文本框中会出现生成透视表显示的位置，如图 6-58 所示。

（12）单击【确定】按钮，此时在"员工工资汇总表"工作表的右侧，出现【数据透视表字段】窗口，如图6-59所示。

（12）在【选择要添加到报表的字段】列表框中，选中【部门】名称将其添加到【行】中，如图6-60所示。

（13）将【应发工资】添加到【行】区域，如图6-61所示。

图 6-58

图 6-59

图 6-60

行标签	求和项:应发工资
企划部	26316.17
设计部	15760.78
生产部	13110.78
销售部	17266.17
总计	72453.9

图 6-61

6.2.11 建立工资费用分配表

在每月月末，企业将本月的应付员工薪酬按照其发生的地点、部门与产品的关系进行分配，编制工资费用分配表，并根据表中的各个项目分别记入相关账户。各类附加费用的计提比例一般为：员工福利费按工资总额的14%计提，工会经费按工资总额的2%计提，员工教育经费按工资总额的1.5%计提。

操作方法：

（1）建立新的工作表，命名为"工资费用分配表"。

（2）输入"工资费用分配表"的内容，如图6-62所示。

（3）以企划部的工资总额为例，单击B3单元格，在公式编辑栏内输入公式：=SUMIF（员工工资结算单!C: C,A3,员工工资结算单!O: O）。公式的含义是：在"员工工资结算单"内C列中所有满足条件为部门是"企划部"的O列数字相加，填入B3单元格中。

图 6-62

利用自动填充功能计算其他部门的员工工资总和，如图 6-63 所示。

（4）单击 C3 单元格，在公式编辑栏内输入公式：=B3*0.14（员工福利费 = 工资总额 ×14%），再使用自动填充功能计算各部门员工福利费，如图 6-64 所示。

图 6-63

图 6-64

（5）用同样方法计算工会经费、员工教育经费。工会经费 = 工资总额 ×2%，员工教育经费 = 工资总额 ×1.5%，结果如图 6-65 所示。

（6）单击 A7 单元格，输入【总计：】。单击 B7 单元格，利用 SUM 函数，计算出各项汇总数据。结果如图 6-66 所示。

图 6-65

图 6-66

（7）选择 A7 到 E7 的单元格，在【设置单元格格式】对话框的【边框】选项卡中，按照图 6-67 所示设置。

（8）单击【确定】按钮，结果如图 6-68 所示。

图 6-67

图 6-68

6.3 综合应用：固定资产管理

通过本节的学习，使读者能够利用 Excel 进行固定资产卡片的制作，并从中学习掌握 Excel 数据有效性定义、有关函数的应用、筛选功能等。

6.3.1 概述

固定资产卡片是指按照固定资产的项目开设，用以进行固定资产明细核算的账簿，是固定资产管理中的基础数据。一般来说，在固定资产卡片中填列的固定资产的信息主要包括固定资产编号、固定资产名称、增加方式、原值、累计折旧和折旧方法等，通过这些项目可以方便地对固定资产相关数据进行查询和进一步处理。

一个企业的固定资产往往很多，日常的核算和管理非常烦琐，特别是折旧的核算工作量很大。利用 Excel 进行固定资产的核算和管理，可以避免财会人员因烦琐的手工劳动而出现错误，也减轻了财会人员的工作负担。

本节的工作思路是创建一个固定资产管理系统，建立固定资产卡片，对固定资产进行管理，选择恰当的折旧方法对各项固定资产计提折旧，最后对折旧费用进行分析，如图 6-69 所示。

图 6-69

6.3.2 背景资料

【资料 1】某企业为生产型中小企业，现欲构建一个企业的固定资产管理系统，该企业的固定资产信息表如表 6-8 所列。

表 6-8　企业固定资产信息表

固定资产名称	规格型号	使用部门	使用状态	增加方式	减少方式	购置时间	购置成本（元）	预计使用年限（年）	预计净残值率	折旧方法
办公楼	20 万平方米	管理部门	在用	自建	出售	2006-5-22	5000000	50	25%	直线法
厂房	80 万平方米	生产部门	在用	自建	出售	2005-3-11	16000000	50	25%	直线法
仓库	60 平方米	销售部门	在用	自建	出售	2005-5-12	3000000	50	25%	直线法
卡车	20 吨	销售部门	在用	购入	出售	2004-6-23	350000	8	5%	直线法
计算机	Dell	管理部门	在用	购入	报废	2007-8-16	12000	4	1%	直线法
计算机	Dell	管理部门	在用	购入	报废	2007-8-16	15000	4	1%	直线法
传真机	惠普	管理部门	在用	购入	调拨	2005-3-11	6000	5	1%	直线法
复印机	佳能	管理部门	在用	购入	调拨	2005-3-11	30000	5	2%	直线法
打印机	佳能	管理部门	在用	购入	报废	2005-3-11	4000	5	2%	直线法
挖土机	KL-01	生产部门	在用	购入	报废	2004-12-1	200000	10	5%	直线法
推土机	T1-02	生产部门	在用	购入	出售	2001-12-1	250000	10	5%	直线法

【资料 2】该企业财务部门在 2020 年 12 月 2 日又购入了一台新的打印机，型号为 JK-01，在用，预计使用年限为 10 年，原值￥3000，净残值率为 0.5%，使用平均年限法（即直线法）计提折旧。

【资料 3】该企业的管理部门的打印机调拨到销售部门。

【资料 4】该企业固定资产编号为 7 的传真机报废。

工作准备：首先建立一个名为"企业固定资产管理 .xls"的工作簿。下面介绍固定资产卡片的设计方法和步骤。

6.3.3　固定资产卡片的建立

固定资产卡片是指按照固定资产的项目开设，用以进行固定资产明细核算的账簿，是固定资产管理中的基础数据。

建立固定资产卡片的任务是在 Excel 环境中，将一张固定资产卡片的内容输入进去，充分利用 Excel 强大的公式管理功能进行公式输入，由计算机自动计算，自动填列数据，这样可以大大减少人工工作量。而利用 Excel 所建立的固定资产卡片格式可以不同，但是方法基本类似，现介绍如何设置固定资产卡片格式。

操作方法：

（1）建立名为"固定资产卡片"的工作表。

（2）在第二行：A2 单元格输入"卡片编号"，B2 单元格输入"固定资产编号"，然后自 C2 到 O2 单元格，根据表（6-8）中固定资产卡片内容填充其他单元格的内容，如图 6-70 所示。

A	B	C	D	E	F	G	H	I	J	K	L	M	N	O
卡片编号	固定资产编号	固定资产名称	规格型号	使用部门	使用状态	增加方式	减少方式	开始使用日期	预计使用年数	原值	预计净残值率	净残值	本年折旧额	折旧方法

图 6-70

（3）单击 F3 单元格，选择菜单栏中的【数据】菜单选项卡，在【数据工具】段落中单击【数据验证】命令按钮，如图 6-71 所示。

图 6-71

（4）打开【数据验证】对话框后，在【允许】下拉列表框中选择【序列】，并在【来源】文本框中输入【在用，季节性停用，停用】等内容，如图 6-72 所示。

> **注意：** 在【来源】录入时各内容之间的逗号必须是在英文半角状态下录入。

（5）单击【确定】按钮，则在 F3 单元格出现一个下拉按钮，如图 6-73 所示。

（6）使用自动填充功能，将该设置自动填充到该列其他单元格中，也就是 F4 到 F14 单元格中。

（7）单击 G3 单元格，打开【数据验证】对话框，在【允许】选项中仍然选择序列，在【来源】中输入【自建，购入，调拨，捐赠】，其他设置都和 F3 单元格相同。然后单击【确定】按钮关闭对话框，如图 6-74 所示。

图 6-72

图 6-73

图 6-74

设置完毕后，利用自动填充功能，将其复制到该列的其他单元格中，也就是 G4 到 G14 单元格中。

（8）单击 H3 单元格，用同样方法设置【减少方式】的数据有效性，来源中输入【出售，报废，调拨，投资】。

（9）单击 E3 单元格，用同样方法设置【使用部门】的数据有效性，来源中输入【管理部门，生产部门，销售部门，财务部门】。

（10）单击 O3 单元格，用同样方法设置【折旧方法】的数据有效性，来源中输入【直线法，双倍余额递减法，年数总和法，工作量法】。

（11）根据【资料 1】的内容，向单元格中输入相应信息，设置适合的单元格格式。如标题、货币、日期等列的格式，如图 6-75 所示。

卡片编号	固定资产编号	固定资产名称	规格型号	使用部门	使用状态	增加方式	减少方式	开始使用日期	预计使用年	原值	预计净残值	净残值	本年折旧额	折旧方法
								固定资产卡片						
01	1	办公楼	20万平方米	管理部门	在用	自建	出售	2006/5/22	50	5000000	25%			直线法
02	2	厂房	80万平方米	生产部门	在用	自建	出售	2005/3/11	50	18000000	25%			直线法
03	3	仓库	60平方米	销售部门	在用	自建	出售	2005/5/12	50	3000000	25%			直线法
04	4	卡车	20吨	销售部门	在用	购入	出售	2004/7/23	50	350000	5%			直线法
05	5	计算机	Dell	管理部门	在用	购入	报废	2007/8/16	4	12000	1%			直线法
06	6	计算机	Dell	管理部门	在用	购入	报废	2007/8/16	4	15000	1%			直线法
07	7	传真机	惠普	管理部门	在用	购入	报废	2005/3/11	4	6000	1%			直线法
08	8	复印机	佳能	管理部门	在用	购入	调拨	2005/3/11	4	30000	2%			直线法
09	9	打印机	佳能	销售部门	在用	调拨	出售	2005/5/1	4	4000	2%			直线法
10	10	挖土机	KL-01	生产部门	在用	购入	报废	2004/12/1	5	200000	5%			直线法
11	11	推土机	T1-02	生产部门	在用	购入	出售	2001/12/1	5	250000	5%			直线法
12	12	打印机	JK-01	财务部	在用	购入	报废	2020/12/2	3	2000	3%			直线法

图 6-75

（12）单击 M3 单元格，在公式编辑栏中输入公式：=K3*L3（净残值 = 原值 × 净残值率），输入完成后按回车键，M3 单元格中会自动计算出当前固定资产的净残值。利用自动填充功能完成所有固定资产的净残值计算，如图 6-76 所示。

图 6-76

6.3.4 固定资产的增加

固定资产的增加是根据需要将购入或以其他方式增加的固定资产添加到固定资产卡片中增加的固定资产信息，见【资料 2】。

操作方法：

（1）单击 A14 单元格，然后单击菜单栏中的【数据】菜单选项卡，在【记录单】段落中单击【记录单】命令，打开【固定资产卡片】对话框，如图 6-77 所示。【记录单】命令的添加方法参见 6.2.8 节的内容。

（2）单击【新建】按钮，显示空白的记录单。录入【资料 2】中固定资产增加的信息。输入完毕后单击【关闭】按钮关闭对话框，如图 6-78 所示。

图 6-77　　　图 6-78

6.3.5 固定资产的调拨

固定资产调拨是将固定资产从一个部门调拨到另一个部门。固定资产的调拨信息见【资料 3】。

操作方法：

（1）单击菜单栏中的【数据】菜单选项卡，在【排序和筛选】段落中单击【筛选】命令，使工作表处于筛选状态。此时表头位置全部会产生一个下拉按钮，如图 6-79 所示。

图 6-79

（2）单击【卡片编号】右侧的下拉按钮，在弹出的窗口中选择需要调拨的固定资产编号【09】，此时显示出筛选的结果，如图 6-80 所示。

图 6-80

（3）单击 H11 单元格，再单击其右侧的下拉按钮，在弹出的下拉列表中选择【调拨】，如图 6-81 所示。

（4）单击 G11 单元格，再单击其右侧的下拉按钮，将增加方式改为【调拨】，将部门名称改为"销售部门"，如图 6-82 所示。

图 6-81

图 6-82

（5）单击菜单栏中的【数据】菜单选项卡，在【排序和筛选】段落中单击【筛选】命令，取消筛选状态，让工作表恢复到正常状态。

6.3.6　固定资产的减少

固定资产减少是由于出售、损毁、报废等原因，将固定资产从固定资产卡片中删除。减少的固定资产信息见【资料 4】。

操作方法：

（1）按照前面的方法，使固定资产处于筛选状态。

（2）单击 A2 单元格右侧的下拉按钮，在打开的窗口中选择要报废的固定资产编号【07】，然后单击【确定】按钮，如图 6-83 所示。

（3）选中 H9 单元格，单击右侧的下拉按钮，选择固定资产减少方式为【报废】，如图 6-84 所示，完成固定资产减少操作。

图 6-83

图 6-84

6.3.7　建立固定资产折旧计算表

固定资产折旧是企业的固定资产在使用过程中，通过损耗而逐渐转移到产品成本或商品流通费的那部分价值。为了保证企业将来有能力重置固定资产，把固定资产的成本分配到各个收益期，实现期间收入与费用的正确配比，企业必须在固定资产的有效使用年限内，计提一定数额的折旧费。

企业一般应该按月提取折旧，当月增加的固定资产，当月不计提折旧，但当月减少的固定资产，当月还要计提折旧。

在计提固定资产折旧时，首先应考虑折旧计提方法，不同的折旧方法对应的各期折旧值也各不相同。固定资产的折旧方法主要有：

- 平均年限法。
- 双倍余额递减法。
- 年数总和法等。

本节为读者讲解如何使用平均年限法计提折旧。

平均年限法又称为直线法，它是根据固定资产的原值、预计净残值率以及预计清理费用，按照预计使用年限平均计算折旧的一种方法。计算公式如下：

年折旧额 =（固定资产原值 – 净残值）/ 使用年限

年折旧率 =（1– 预计净残值率）/ 预计使用年限 ×100%

月折旧率 = 年折旧率 /12

月折旧额 = 固定资产原值 × 月折旧率

按平均年限法计算折旧额可以使用 SLN 函数来计算。SLN 函数返回固定资产在一个期间的线形折旧值。使用 SLN 函数计算出的每个月份或年份的折旧额是相等的。

操作方法：

（1）单击 N2 单元格，选择【开始】菜单选项卡下【单元格】段落中的【插入】命令，在下拉菜单中选择【插入工作表列】命令，在固定资产卡片中插入两列，依次为【已计提月份】【本月折旧额】，如图 6-85 所示。

固定资产卡片							
预计使用年	原值	预计净残值率	净残值	已计提月份	本月折旧额	本年折旧额	折旧方法
50	5000000	25%	1250000				直线法
50	16000000	25%	4000000				直线法
50	3000000	25%	750000				直线法
4	350000	5%	17500				直线法
4	12000	1%	120				直线法
4	15000	1%	150				直线法
5	6000	1%	60				直线法
5	30000	2%	600				直线法
5	4000	2%	80				直线法
10	200000	5%	10000				直线法
10	250000	5%	12500				直线法
10	3000	5%	150				直线法

图 6-85

（2）选中 N 列，单击【开始】菜单选项卡下【单元格】段落中的【格式】命令，在下拉菜单中选择【设置单元格格式】命令，打开【设置单元格格式】对话框。

（3）在【数字】选项卡的【分类】中选择【常规】，然后单击【确定】按钮，如图 6-86 所示。

（4）选中 O 列，在【设置单元格格式】对话框的【数字】选项卡中，选择【分类】为【货币】并单击【确定】按钮，如图 6-87 所示。

图 6-86

图 6-87

（5）单击 A2 单元格，选择【开始】菜单选项卡下【单元格】段落中的【插入】命令，在下拉菜单中选择【插入工作表行】命令，在第2行上方插入新行。单击新行中的 A2 单元格，输入【折旧计提基准日：】，并将其格式设置为与现在的 A3 单元格的格式一样。如图 6-88 所示。

（6）选中 A2：C2，单击【开始】菜单选项卡的【对齐方式】段落中的【合并后居中】命令按钮，调整表格到合适的宽度，如图 6-89 所示。

图 6-88　　　　　　　　　　　　　　　图 6-89

（7）单击 D2 单元格，输入 "2020/12/8"，并调整该列列宽使其正常显示日期。单击 J2 单元格，输入 "单位："，在 K2 单元格中输入 "XX 公司"，在 O2 单元格中输入 "制表："，在 P2 单元格中输入制表人名称，如 "小明"。

（8）单击 N4 单元格，输入公式：

=INT(DAYS360(I4,D2)/30)

按回车键即可计算出第一项固定资产的已计提月份。

（9）使用自动填充功能，计算出其他各项固定资产的已计提月份，结果如图 6-90 所示。

图 6-90　　　　　　　　　　　　　　　图 6-91

（10）单击 O4 单元格，在公式编辑栏内输入公式：

=IF（F4=" 报废 ",0,SLN（K4,M4,J4）/12）

按 Enter 键后即可计算出该固定资产本月折旧额。

（11）编号为 1 ~ 5、7、9~12 的固定资产均使用直线法计提折旧，因此可以使用同样的方法计算其他 7 项固定资产的折旧额。直接选中 O4 单元格，单击鼠标右键，在弹出菜单中选择复制，然后在相应的单元格内粘贴公式。结果如图 6-91 所示。

（12）单击 P4 单元格，在公式编辑栏内输入公式：=O4*12（本年折旧额 = 每月折旧额 × 12），按回车键后，即可计算出该项固定资产的本年折旧额。

（13）利用自动填充功能将该列其他固定资产的本年折旧额计算出来，结果如图 6-92 所示。

图 6-92

第 7 章

工作表的打印应用与技巧

本章导读

Excel 提供了丰富的打印功能：设置页面、设置打印区域、打印预览等。充分利用这些功能，可以使打印的效果符合所期望的效果。本章为用户揭秘关于 Excel 打印的各种操作及技巧，使得办公效率更为高效、得心应手。

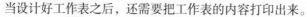

7.1 页面设置技巧

当设计好工作表之后，还需要把工作表的内容打印出来。

在打印工作表之前，可以对打印的版面做一些设定，例如：页面方向、页边距、报表的页眉页脚以及打印区域和份数等。

Excel 提供了多种方法来查看工作表和调整打印效果。除了打印预览以外，还有：

· 【普通】视图：是默认视图，最适于屏幕查看和操作。

· 【分页预览】：显示每一页中所包含的数据，以便快速调整打印区域和分页符。

7.1.1 页面设置

如果想将数据以横向方式打印在纸张上，或者是放大、缩小显示，可以选择【页面布局】菜单选项卡，单击【页面设置】段落右下角的【功能扩展】按钮，打开【页面设置】对话框进行设置，如图 7-1 所示。

图 7-1

在【页面设置】对话框中，切换到【页面】选项卡，可进行下面的设置。

（1）在【方向】选项组中选中【纵向】或者【横向】单选按钮，决定纸张的方向。

（2）在【缩放】选项组中，可以控制打印数据的放大、缩小值。需要注意的是，缩放打印数据时，可能会造成页码重新编排。而当缩放比例为 100% 时，是正常大小；大于 100%，表示要放大打印；小于 100%，表示缩小打印。

（3）【调整为 X 页宽 X 页高】选项是用来将大型报表缩小打印，并不具备放大功能，例如，一份数据正常打印需要 8 页，即 2 页宽、4 页高或 4 页高、2 页宽，但如果希望将数据的宽度缩小为 1 页宽、3 页高，就可以在【缩放】选区中，选中【调整为】单选按钮，然后再在右边的栏中设置为 1 页宽、3 页高，那么就会自动调整数据的比例，使数据可以在 3 页中打印出来。

（4）【起始页码】用来设置页码的起始编号，默认值为【自动】，表示从 1 开始编号，依次类推，如果希望页码从 20 开始编号，就在【起始页码】文本框中输入 20。

7.1.2 调整页边距

在【页面设置】对话框中，切换到【页边距】选项卡。

操作方法：

（1）在【页边距】选项卡的【上】【下】【左】【右】【页眉】【页脚】微调框中

单击其上下微调按钮或直接输入数值即可，如图7-2所示，注意其中的单位为厘米。

（2）居中方式：数据通常从上边界和左边界的交点开始打印，所以打印的数据集中在纸的左上方，但是若在【居中方式】选项组中选择【水平】复选框，则可将数据集中在水平线的中央，如果选择【垂直】复选框，那么数据会集中在垂直线的中央；如果两者都选中，数据就打印在纸的中央了。

图 7-2

7.1.3　设置页眉、页脚

报表中除了数据外，还可以在报表的页眉、页脚中加上打印时间和页数等，可以在查阅报表时，更清楚地知道报表的背景。

在【页面设置】对话框中，切换到【页眉/页脚】选项卡，如图7-3所示。

操作方法：

（1）如果要使用Excel预置的页眉和页脚，只要按【页眉】或者【页脚】下拉列表框右边的下拉箭头，选择想要的页眉或者页脚即可，如图7-4、图7-5所示。

图 7-3

图 7-4　　　　　　　　图 7-5

（2）如果预置的页眉、页脚中，没有需要的，也可以自定义页眉和页脚。方法是单击【自定义页眉】或【自定义页脚】按钮，打开如图7-6、图7-7所示的对话框（这里以【自定义页眉】为例）。图中的3个空白文本框分别代表页眉的左、中、右3个位置，这样不仅可以设置页眉（页脚）的显示内容，还可以选择内容显示的位置。

· 若要设置文本格式，首先选定文本，然后选择【设置文本格式】按钮。

· 若要插入页码、日期、时间、文件路径、文件名或标签名，首先将光标移至相应的编辑框内，然后选择相应的按钮。

· 若要插入图片，则将光标移至相应的编辑框内，然后单击【插入图片】按钮。

· 若要设置图片格式，则单击【设置图片格式】按钮。

图 7-6

图 7-7

在【页眉】或【页脚】对话框中，各个按钮作用如下：

· 【格式文本】按钮 A ：更改左、中、右框中所选文本的字体、字号和文本样式。

· 【插入页码】按钮 ：打印工作表时，在页眉或页脚中插入页码，在添加或 Microsoft Excel 删除数据或设置分页符时，将自动更新页码。

· 【插入页数】按钮 ；打印工作表时，在活动工作表中插入总页码并自动调整页码。

· 【插入日期】按钮 ：插入当前日期。

· 【插入时间】按钮 ：插入当前时间。

· 【插入文件路径】按钮 ：插入活动工作簿的路径。

· 【插入文件名】按钮 ：插入活动工作簿的文件名。

· 【插入数据表名称】按钮 ：插入数据表名称。

· 【插入图片】按钮 ：允许选择要放置在活动工作表中的图片。

· 【设置图片格式】按钮 ：单击打开【设置图片格式】对话框，允许对放置在活动工作表中的图像进行大小设置、旋转、缩放、裁剪和调整。

（3）单击【确定】按钮。当返回到【打印预览】模式时，就在页眉区域中设置了自定义的页眉或页脚。最后单击【确定】按钮关闭【页面设置】对话框。

7.1.4　设置工作表

打印工作表时，可以设置是否要打印出行号、列标或者网格线等。

操作方法：

（1）在【页面设置】对话框中，切换到【工作表】选项卡，如图7-8所示。

其中【打印】选区中的几个选项意义如下：

·网格线：如果要打印出网格线，选中【网格线】复选框。

·单色打印：工作表经过了格式化后，可能增加了许多图案和色彩，屏幕上看起来很美观，但是如果是黑白打印机，可能打印出来的是一片黑黑灰灰的工作表，选中【单色打印】复选框，可以清除一些图案效果。

·行和列标题：选中该复选框可打印行号和列标。

·按草稿方式：按草稿方式打印质量较为粗糙，但是可缩短打印时间，节省耗材，一般在测试打印时可以使用该选项。

图 7-8

·注释：选中该复选框，工作表中的批注也可以打印出来。

·错误单元格打印为：指定在打印文档中错误显示的方式，选择【显示值】将按屏幕上显示的形式来打印错误单元格；选择【〈空白〉】将打印空白单元格，而不是错误；选择【--】或【#N/A】将打印这些字符，而不是单元格错误。

（2）Excel 有两种打印顺序：先行后列、先列后行，这两种方式的打印顺序有所不同。

（3）最后单击【确定】按钮关闭【页面设置】对话框。

7.1.5　表格的分页

如何在普通模式下查看工作表的分页情况呢？
操作方法：

（1）选择【视图】菜单选项卡，单击【工作簿视图】面板中的【分页预览】按钮，此时工作表就被自动进行了分页处理，如图 7-9 所示。

（2）将光标移至蓝色虚线上，可按下鼠标左键拖动蓝色页面范围。

在【分页预览】模式下，直接调整分页线就可以调整分页的位置，并且在打印时会自动调整打印比例。

图 7-9

如果正好有一列数据在分页线的右侧，被分到了第 2 页，这样打印出来的数据肯定会看不明白，此时就可以将光标移到分页线上，当光标变成双箭头形状时，拖动分页线直到 I 列的右框线上，再释放鼠标左键即可，这样 I 列被分到了上一页。

在【分页预览】视图模式下，可以看到哪些数据在第一页，哪些数据在第二页。要回到正常视图模式，单击【普通】按钮即可。

7.2　工作表打印应用与技巧

做好页面设置后，打印时就会依照设定的内容来打印报表，但是打印时还是可以做一些手动的设定，让打印出来的报表更符合实际需求。当一个工作簿中的各张工作表输入、编辑好之后，再进行一些相关的页面设置，就可以通过打印机将内容输出到纸张上。

7.2.1 打印预览

打印预览可以在打印之前在屏幕上看到打印的效果，这样，如果发现有什么不妥的地方，可以立即修改，节省打印机的耗材及打印时间。

操作方法：

执行【文件】|【打印】命令，在右侧的预览区域就可以预览要打印的工作表了，如图 7-10 所示。

·如果打印的数据较多，Excel 会自动分页，并可以在预览区域下方的状态栏看到数据被分成几页，当前是哪一页，还可以利用【上一页】按钮◀、【下一页】按钮▶或者鼠标滚轮上下滚动来查看不同的页。

·在打印预览区域可以整页预览和缩放到页面预览。默认的预览模式是以缩放到页面预览的方式显示的，由于受屏幕的限制，数据会被缩小，所以只能看到大致的排版情况，单击【缩放到页面】按钮🔲，就可以放大或缩小打印预览的显示比例，如图 7-11 所示。再单击一次【缩放到页面】按钮🔲，又会回到原来的显示比例。

图 7-10　　　　　　　　　　　图 7-11

·单击【显示边距】按钮▦，会出现很多可以调整的页边距和列宽的虚线和控制点，拖动虚线或者虚线两端的控制点（当光标呈现为✛形状时）可以调整页面的上、下边距，左、右边距，页眉区域和页脚区域的大小、列宽。

7.2.2 打印工作表

对工作表编辑完成，并正确设置页面后，就可以进行打印了。如果不需要设置打印的参数，就可以直接进行打印。

操作方法：

（1）执行【文件】|【打印】命令，或按 Ctrl+P 快捷键，打开【打印】页面，如图 7-12 所示。

（2）在【份数】微调框中，设置打印的份数。

（3）在【打印机】下拉列表框中，选择相应的打印机。

（4）如果要设置打印机的属性，则可以单击【打印机属性】超链接按钮进行设置。

（5）在【设置】选项组中进行相应设置：

· 选取要进行打印的文档范围。在【设置】下的▦图标的下拉列表中，如果选择【打印整个工作簿】，则会打印整个工作簿的所有工作表；如果选择【打印活动工作表】，则打印当前的工作表；如果选择【打印选定区域】，则打印当前活动工作表中选定的区域。

· 在┌─┐至┌─┐中，可以设置要打印的特定页数，比如只打印第 2 页到第 5 页，则设置为 2 至 5。如果要打印其中的某一页，比如第 3 页，则设置为 3 至 3。

（6）如果要打印到文件上，可以选中【打印机】下拉列表中的【打印到文件】命令，如图 7-13 所示。

图 7-12

图 7-13

（8）单击【打印】按钮🖶，就可以进行打印了。

7.2.3　缩小打印的比例

当发现所打印的报表恰好超过一张报表纸的范围，而分页打印又显得有点儿浪费时，可以将整个工作表缩小一定比例后再打印出来；每次在打印时也可以指定只打印工作表中的部分行列范围；另外还可打印不连续的数据范围，以及单元格中的公式。

一般在打印报表时，打印功能会以正常的比例，也就是 100%，打印工作表中的文字和图形。Excel 另外提供了将整个报表以一定的比例放大或缩小后再打印的功能。

操作方法：

（1）单击切换到【页面布局】菜单选项卡，再单击【页面设置】段落右下角的【功能扩展】按钮↘，如图 7-14 所示。

图 7-14

（2）在打开的【页面设置】对话框中单击切换到【页面】选项卡，如图7-15所示。

（3）在【缩放】选项下选择【缩放比例】，接着输入报表要缩放的百分比值，比如50，再单击【打印】按钮。

（4）在打印窗口中，在【打印】按钮🖶后的【份数】栏输入要打印的份数，最后单击【打印】按钮🖶即可，如图7-16所示。

缩小打印后，打印的报表内容并不会受到影响，只是文字和图形会以所设定的比例调整大小罢了。

如果不知道缩放比例要调成多少，可以选择调整成几页宽、几页高，让Excel自动换算出合适的比例，如图7-17所示。

图 7-15

图 7-16

图 7-17

7.2.4 打印部分内容

打印报表时，除了将整张工作表内容打印外，也可以设定一个较小的范围来打印。

操作方法：

（1）在工作表中按住鼠标左键拖动设定要打印的范围，设定的范围会变成不同的颜色显示，如图7-18所示。

（2）单击切换到【页面布局】菜单选项卡，再单击【页面设置】段落中的【打印区域】命令按钮，从弹出菜单中选择【设置打印区域】

图 7-18

命令，如图 7-19 所示。

设好打印区域后，无论是实际打印报表还是打印预览，Excel 都只会打印所设定范围内的数据，如图 7-20 所示。

图 7-19

员工基本工资表						
编号	姓名	部门	基础工资	岗位工资	工龄工资	基本工资
1	李东	企划部	12000.00	1000.00	300.00	13300.00
2	张铭	设计部	8000.00	800.00	300.00	9100.00
3	赵刚	设计部	5000.00	600.00	100.00	5700.00
4	新东	企划部	5000.00	600.00	150.00	5750.00
5	许阳	销售部	3000.00	500.00	50.00	3550.00
6	程丽	企划部	5000.00	600.00	50.00	5650.00
7	赵晓	生产部	6000.00	2000.00	300.00	8300.00
8	刘涛	销售部	5000.00	2000.00	300.00	7300.00

图 7-20

7.2.5 打印行号和列标号

用户知道，一般情况下是不会打印出 Excel 工作表的行号和列标号的。但有时会需要将行号和列标号一起打印出来，怎样实现呢？

操作方法：

（1）打开需要打印的工作表，选择【页面布局】菜单选项卡，单击【页面设置】段落右下角的【功能扩展】按钮。

（2）在弹出的【页面设置】对话框中选中【工作表】选项卡，然后选中【打印】栏下的【行和列标题】复选框，如图 7-21 所示。

（3）单击【打印】按钮，打印出来的工作表中就会有行号和列标号。

图 7-21

7.2.6 在打印时不打印出单元格的颜色

对单元格设置颜色和底纹，可以使得工作表更加美观。但是在黑白打印工作表时，打印有颜色的单元格反而会浪费打印机的内存，而且打印出底纹也没有太大的用处。因此不希望打印出单元格中的颜色和底纹，但又不希望更改工作表的任何格式，该怎么做呢？

操作方法：

（1）单击菜单命令【页面布局】|【页面设置】，弹出【页面设置】对话框。

（2）单击该对话框中的【工作表】选项卡，在【打印】框下选中【单色打印】复选框，如图 7-22 所示。

（3）单击【确定】按钮即可。

7.2.7　为换页表格添加标题

在 Excel 编辑过程中，一旦表格内容很多，就会造成一页内无法输入或显示所有内容，这样在打印时标题就不能在每页中显示。可以进行一些设置解决该问题。

操作方法：

（1）单击【页面布局】|【页面设置】菜单命令。

（2）在弹出的【页面设置】对话框中单击【工作表】选项卡，在【打印标题】栏中的【顶端标题行】栏中输入所要引用的行。或者单击文本框右边的按钮，回到编辑表格中用鼠标选择要作标题的单元格区域，再回到【页面设置】对话框中。

图 7-22

（3）单击【确定】按钮，结束操作。

当打印一个包含打印标题的工作表时，定义打印区域时不要选择包含该标题的区域；否则，标题会在打印输出的当前页中出现两次。